CONTENTS
Dessert特集

FEATURES

Opening

Interview

Guide

REGULARS

出版人 ✷ 苏静
总编辑 ✷ 林江
艺术指导 ✷ 马仕睿

内容监制 ✷ 陈晗
编 辑 ✷ 陈晗 杨慧
邵梦莹 金梦
张奕超
特约记者 ✷ 王怡玲（东京）
Agnes_Huan 歡（东京）
于骁（法国）
Windy YE（法国）
特约摄影师 ✷ PYHOO
特约插画师 ✷ Ricky
-z- Chami
品牌运营 ✷ 杨慧
策划编辑 ✷ 王菲菲 段明月
责任编辑 ✷ 段明月
营销编辑 ✷ 那珊珊
平面设计 ✷ 黄莹 吴言（typo_d）

Producer ✷ Johnny Su
Chief Editor ✷ Lin Jiang
Art Director ✷ Ma Shirui

Content Producer ✷
Chen Han
Editor ✷ Chen Han, Yang Hui,
Shao Mengying,
Jin Meng, Zhang Yichao
Special Correspondent ✷
Wang Yiling(Tokyo),
Agnes_Huan(Tokyo),
Yu Xiao(France),
Windy YE(France)
Special Photographer ✷
PYHOO
Special Illustrator ✷
Ricky
-z- Chami

Operations Director ✷
Yang Hui
Acquisition Editor ✷
Wang Feifei
Duan Mingyue
Responsible Editor ✷
Duan Mingyue
PR Manager ✷
Na Shanshan
Graphic Design ✷
Huang Ying (typo_d)
Wu Yan (typo_d)

图书在版编目（CIP）数据

食帖. 5, 全宇宙都在吃甜品 / 林江主编. — 北京：中信出版社, 2015.8（2016.11重印）
ISBN 978-7-5086-5386-0

I. ① 食… II. ① 林… III. ① 甜食－文化－世界 IV. ① TS971

中国版本图书馆 CIP 数据核字 (2015) 第 179419 号

食帖. 5, 全宇宙都在吃甜品

主 编：林 江
策划推广：中信出版社（China CITIC Press）
出版发行：中信出版集团股份有限公司
（北京市朝阳区惠新东街甲 4 号富盛大厦 2 座 邮编 100029）
（CITIC Publishing Group）
承 印 者：鸿博昊天科技有限公司

开 本：787mm × 1092mm 1/16　　插 页：4
印 张：9.5　　字 数：174 千字
版 次：2015 年 8 月第 1 版
印 次：2016 年 11 月第 6 次印刷
广告经营许可证：京朝工商广字第 8087 号
书 号：ISBN 978-7-5086-5386-0/G・1226
定 价：39.00 元

服务热线：010–84849555　　服务传真：010–84849000
投稿邮箱：author@citicpub.com

受访人

稻叶基大 & 浅野理生

东京创作和果子工作室 wagashi asobi 创始人。工作室主要进行创意和果子开发制作，同时不定期地在日本国内外举办“和”文化传播活动。

大河原仁

日本东京浅草“马岛屋果子道具店”的果子木型制作职人。

Pierre Yves

31 岁，德国出生，法国成长，毕业于法国甜点学校 Ferrandi，2009 年获法国最佳手工业者奖（MOF），曾在巴黎和纽约的多家米其林餐厅工作，现任 Berko 主厨，也是一位涂鸦艺术家。

Christophe Adam

曾任法国巴黎著名甜点品牌 Fauchon 甜点创意总监。2012 年，和合伙人 Déborah Temam 一起创立闪电泡芙品牌 L'Éclair de Génie。

Nicolas Cloiseau

现任法国 La Maison du Chocolat 主厨，2003 年和 2005 年分别获得法国糕点大赛（Concours Gastronomique d'Arpajon）巧克力组第一名和世界巧克力大师赛（World Chocolate Masters）第一名。2007 年获得法国最佳手工业者奖——最佳巧克力工艺师（Meilleur Ouvrier de France Chocolatier）。

丰长雄二

蓝带国际学院日本校区甜点技术总监。曾于 2002、2003、2005、2011 年，获得 Japan Cake Show 糖果类竞赛大奖，以及 2006 年该竞赛巧克力类别大奖。

多米尼克・格罗

来自法国，现任蓝带国际学院日本校区甜点及烘焙讲座讲师。

Lars Juul

Conditori La Glace 首席甜品师，1996 年开始在 Conditori La Glace 工作。

Christel Wai Choo

法国巴黎杯子蛋糕店 Cupcake & Macaron 创始人。

古源芥

1986 年出生于乌鲁木齐，2008 年开始学习制作法式甜点，2015 年在成都太古里开了法式甜点店 MOMOKO。

印佳

北京人，曾为平面设计师，2010 年开始玩烘焙，2012 年创立了自己的手工马卡龙品牌。

易筱

美食爱好者，手工爱好者。

Samantha

Awfully Chocolate 新加坡总公司驻中国大陆管理人员。

ED

Awfully Chocolate 北京、上海两地总代理。

Kathy

北京凯宾斯基酒店饼房厨师长。

Farah Guy

精神科医生，与丈夫和 6 岁暹罗猫一起生活在美国，喜欢美食、动物、徒步和旅行。

Sara Tasker

“iPhone 摄影师”，出生于英国曼彻斯特，2014 年夏天与丈夫、女儿搬到约克郡的一个村庄。

撰稿人

沈嘉禄

作家，美食家，会吃，会做，会享受。著有《上海皮壳》《上海老味道》等书。

吉井忍

日籍华语作家，曾在中国成都留学，法国南部务农，辗转台北、马尼拉、上海等地任经济新闻编辑；现旅居北京，专职写作。著有《四季便当》《本格料理物语》等日本文化相关作品。

张佳玮

自由撰稿人。
生于无锡，长居上海，曾游学法国；出版多部小说集、随笔集、艺术家传记等。

老波头

上海人，专栏作家，江湖人称“猪油帮主”；著有《不素心：肉食者的吃喝经》《一味一世界——写给食物的颂歌》。

野孩子

高分子材料学专业的美食爱好者，“甜牙齿”品牌创始人。

miss 蜗牛

蜗牛工作室创始人，知名 lifestyle 摄影师、造型师。擅长美食、空间摄影，烘焙、料理达人。

特别鸣谢：

Berko 法国百合蔻蛋糕 / Awfully Chocolate / 北京凯宾斯基酒店 / MOMOKO / V+H Living Art Laboratory / i 烘焙 / wagashi asobi / La Maison du Chocolat / L'Éclair de Génie/ 广州玫瑰甜品 / 广州百花甜品 / 广州南信牛奶甜品 / 香港泰昌饼家 / 香港聪嫂甜品

五人忆甜

邵梦莹、张奕超、Dora | interview & edit

zhuyi

黑法师品牌创办人，HomeBistro 下酒菜公众号作者

对甜品的童年记忆是什么？

我是成都人，小时候印象最深的甜品，也许应该说甜食吧，是成都的三合泥。小时候父亲带我去春熙路口老字号的三合泥店吃，黑乎乎的一团，又香又甜糯。

什么时候会想吃甜品？

我喜欢喝纯黑咖啡（不加奶），配甜品，特别是油脂感重的糕点都很喜欢。

关于甜品印象最深的经历是什么？

在巴黎买了闪电泡芙带到孚日广场门口的绿地吃，有艺人在旁边的回廊唱歌，没有话筒，就是唱美声歌剧，声音在回廊里扩大，好听得不得了，那个印象太深了。

说出 3 个你最喜欢的甜品。

泡芙、提拉米苏、土耳其鸡肉布丁。

喃猫

食物工作者，企鹅吃喝指南联合创始人，《喃猫料理日常》主持人

对甜品的童年记忆是什么？

“三大炮”！因为自己是四川人，小时候最喜欢的甜食就是四川小吃“三大炮”或是红糖糍粑。

什么时候会想吃甜品？

特别放松的时候。

关于甜品印象最深的经历是什么？

大概还是在法国了，其实去法国之前自己一直不太喜欢吃甜食。直到在法国学厨期间，每天泡在黄油味道里面学习，甜品班的同学还会送给我他们的作业，我就这么开始接受甜品，到最后就上瘾了，经常半夜突然疯狂地想吃甜食，所以现在冰箱冷冻室里都会冻着蛋糕，以备晚上的突发状况。

说出 3 个你最喜欢的甜品。

新鲜的冰激凌、Fraisier 草莓蛋糕、栗子蛋糕。

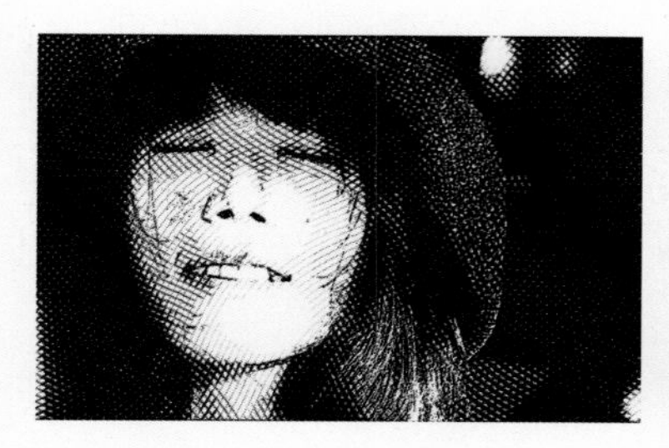

viviQ

V+H Lab 主理人，生活设计师，身心料理专家

对甜品的童年记忆是什么？

童年我最爱巧克力（和现在一样），尤其是酒心巧克力，因为一下子吃太多而醉了并流鼻血，我妈就把巧克力藏起来，但我太想吃，找遍家里，还误食了一小块很像巧克力的肥皂，结果腹泻好几天。

什么时候会想吃甜品？

我基本不喜欢吃甜的，甜品也是喜欢黑巧克力或抹茶等有苦味的冰凉甜品。但是"姨妈"来之前会很想吃甜品，尤其是用新鲜香草枝做的冰激凌。运动时间比较长时，也会想吃香草或黑巧克力冰激凌。

关于甜品印象最深的经历是什么？

印象最深的甜品，应该是我和我先生骑车去日本岚山时，在那边一家叫"稻"的京料理店吃到的豆腐冰激凌。那种真实豆腐的质地（不是豆乳）豆香扑鼻，又不甜腻，非常惊艳。那时我已吃遍京都各家的豆腐冰激凌了，这家却一直让我念念不忘。

说出 3 个你最喜欢的甜品。

自家产的 77% 黑生巧克力无面粉蛋糕，"稻"的豆腐冰激凌，还有就是在温哥华吃过的一家加入新鲜香草枝和麦麸的 Gelato（意式冰激凌）。

万雯雯

高端甜品品牌王太家创始人，资深甜品爱好者

对甜品的童年记忆是什么？

街头青花瓷碗装的酒酿、硬硬的奶油蛋糕、过年时点着红点的豆沙年糕，还有外婆煮的水果甜羹。

什么时候会想吃甜品？

对我来说，甜品已经是生活里的必需品。每天下午只要是坐着，不管是在办公室、家里或者任何店里，总是会来份甜品加茶或者咖啡。吃完之后才有动力去运动，平衡一下摄入支出。

关于甜品印象最深的经历是什么？

和老公一起去日本旅行，在日本京都清水寺旁边的小路上，冰激凌店鳞次栉比。当时我们正开着第一家冰激凌店，为了学习不同的口味，愣是把街边每一家店的每一种口味都吃遍，一个下午大概吃了接近 30 个冰激凌，最后两个人嘴巴都变色了。

说出 3 个你最喜欢的甜品。

巧克力松露蛋糕（Chocolate Truffle Cake，我们自己的倾城巧克力松露蛋糕是我的最爱），软冰激凌（任何软冰激凌都爱吃，日本每家软冰激凌店都很好吃），马卡龙（马卡龙配苦咖啡，"赞爆"）。

Alexandra

旅居纽约的甜食博主，微博"@甜食王"主理人

对甜品的童年记忆是什么？

小时候每次回乡下过年，外婆会在大年三十晚上，在我的枕头下放一条用红色纸包住的云片糕。外婆会叮嘱我，留到年初一再吃，这样吉利。那个年代的包装纸很薄，一不小心会扯下来一大片，露出里面雪白的、切片匀称的糕体，我就会口水直流，连续撕下来很多塞进嘴里，把剩下的放在枕头下留着过夜。一整晚鼻尖都是云片糕新鲜又自然的香味，睡得无比安稳。

什么时候会想吃甜品？

饭后，需要鼓励的时候，写甜食王微博的时候。

关于甜品印象最深的经历是什么？

在纽约上学的最后一年，因为压力大，常常半夜去我家附近亮着粉色霓虹灯的 Momofuku 冰激凌店，不论冬夏，趁着他们打烊前买麦片冰激凌吃。回家路上，我一手拿一个小的，一手拎一桶大的，在夜色里一边吃一边走，走走心里的焦虑就散了。最后一年就是这样吃着冰激凌过来的，现在回想起来，觉得挺浪漫。

说出 3 个你最喜欢的甜品。

纽约 ChikaLicious 甜品店的 Doughssant / Cronut 牛角甜甜圈（焦糖布丁口味）、纽约 Momofuku Milk Bar 的 Cereal Milk Ice-cream（麦片冰激凌）、外婆家的云片糕。

FEATURES

Opening

Interview

Guide

FEATURES

Opening

甜蜜的犒赏

▦当糖触及舌尖，甜蜜的信号会在0.5毫秒内抵达脑部中枢神经系统，然后，你就感受到了“甜”。你不仅感受到了甜，身体还吸收了充足的糖分，以分泌更多的多巴胺，然后，你就体会到了“愉悦”。不仅仅是愉悦，糖分还继而转化为能量，汩汩地涌进你的血液里，让你简直所向披靡，无人可挡……难怪，全宇宙的人都在吃甜品。 ▦ 法国人把吃甜品当享受，用叉匙小心翼翼地将那如珠似宝的甜美艺术品切开，小块小块地送入口中，专注陶醉地细细咀嚼，生怕错过舌尖上任何一丝味道的绽放；德国人则钟情于豪迈亲民的外形、扎实浓郁的味道，还会尽可能多地使用他们引以为傲的奶油与乳酪；英国人在下午四点慢悠悠地啜一口茶，咬上一口涂满德文郡奶油与果酱的司康；与此同时，意大利人正醉心于新口味的Gelato（意式冰激凌）；美国人不服输地捧起丰腴可爱的杯子蛋糕（Cupcake）；俄罗斯人烤起了苹果；澳大利亚人和新西兰人正在品尝蛋白奶油蛋糕（Pavlova），上面缀满仿佛还沾着露水的草莓、蓝莓、覆盆子。▦ 当然，亚洲人也为甜品痴狂，和中式点心纠缠不清的和果子，不知迷醉了多少人的心：一面嗔怪和果子的甜，一面又被那如梦似幻的外表勾了魂去；土耳其人用勺子轻轻戳破牛奶米布丁外面的焦糖皮，发自内心地享受每一口甜蜜，以表达他们对信仰的虔诚；印度人如传闻中一样嗜甜，那甜法儿堪比直接吃砂糖，不过，谁让他们最早制出了糖呢？▦据说在史前时代，人类就已开始从自然界中获取甜味物质，蜂蜜、鲜花、其他甜味植物，满足了他们对甜味最原始的渴求。但关于人类真正开始制糖的记载，最早却是见于公元前300年的印度《吠陀经》，和中国的《楚辞》。季羡林先生就曾在晚年花数年时间，研究并著成一部非常珍贵的《糖史》。其中引经据典，以各种理论与考证来推测“糖”之一物，在数千年来世界文明交流史中发挥的重要作用。砂糖一词，英文为“sugar”，法文为“sucre”，德文为“zucker”，俄文为“caxap”，发音相近，是因为都源自梵文的“sarkara”。印度和中国是植蔗大国，且都是最早发明甘蔗制糖法的

甜品，是节制生活里的小小放纵，是拼搏之余的温柔犒赏，
它能让寻常日子变得闪闪发光。

陈晗 / text & edit

国家，起初中国制的糖不如印度的好，便向印度“取经”，谁知我们的老祖先将印度方法进行改进，最终制出了纯度更高的白砂糖，反被印度人学了回去，以至于在今天的印度语中，有种糖被叫作“cini”，意思就是“中国的”。▦ 糖的交流，当然不只限于中国与印度之间，西亚、中亚、东亚各国，以及欧洲、非洲、美洲之间都在互相传播和影响。每个国家都用它创作出适宜国民口味的甜品，人们品尝这些甜品，莫不如说是在品尝数千年来文化的流动。▦ 但是现在人们又开始惧怕糖。肥胖症、糖尿病、高血糖……这些疾病患病率的升高，令人们在吃糖时开始感到罪恶。可对甜味的追寻，哪能那么容易放弃？蔗糖容易导致血糖升高，继而引发肥胖与糖尿病，那有没有不易升血糖的糖呢？人们发现了果糖，不仅不易升血糖，甜度还是所有糖类中最高的。除了从成分上替代，也有人试图从味觉上修改。西非有一种灌木果实叫作“神秘果”，学名“Synsepalum Dulcificum”，俗称“Miracle Fruit”，这种果子之所以神奇，是因为吃了它之后的一段时间内，再尝酸的味道会感到甜。1968 年，日本科学家栗原坚三教授从神秘果中分离出一种活性物质，并将其命名为“神秘果蛋白”（Miraculin），这便是让酸变甜的关键所在，这物质修改的不是食物本身，而是我们的味觉。自然界中具有这种味觉修改能力的植物成分还有很多，比如匙羹藤叶中的匙羹藤酸，就被称作“糖的破坏者”：它通过阻碍味觉细胞表面甜味感受器发挥作用，从而抑制人们对甜味的感受。这哪里是“糖的破坏者”，简直就是全宇宙甜味爱好者的公敌。▦ 我们万般挣扎，归根结底，还是不愿离开“甜”。法国有句话叫“joie de vivre”，大意是“生活的乐趣”，却不准确。若要具体描述一下什么才算法国人心中的“joie de vivre”，享受甜品的时刻算是其一。甜品，是节制生活里的小小放纵，是拼搏之余的温柔犒赏，它能让寻常日子变得闪闪发光。过度沉溺自然不好，但偶品一例，或是自己找更健康的方子来做，又未尝不可。

“心安寺石庭”，出自日本艺术家齐藤智法和 Shohei Sawada 的构想，由稻叶执行创作。
灵感来自日本知名枯山水庭园“龙安寺石庭”，石块与树叶均为和果子。

“和洋折中”在日语里指的是日式与西式杂糅的风格。
稻叶和浅野的创作实践，
完美地诠释了这一词语。

这款 wagashi asobi 的招牌和果子，是在传统红豆羊羹之上，加入了酒渍无花果干、草莓干和核桃。切成约 1 厘米厚度食用口感最佳。

GRANETIAS
GRANETIAS
GRANETIAS
GRANETIAS

wagashi asobi

地址：日本东京都大田区上池台 1-31-1-101

TEL & FAX：03-3748-3539

稻叶和浅野并不抛弃传统，他们正是用这些古老的果子木型，创作出拥有新内涵的和果子。

FEATURES

Interview

专访 ……… × wagashi asobi

和果子的艺术方程式

造访日本创作和果子工作室 wagashi asobi

王怡玲 / interview & text

陈晗 / edit

wagashi asobi，MIHO，王怡玲 / edit

✳日本东京以南的东急池上线，是在大田区和品川区境内的一条远离繁华闹市，连东京人听起来都会很陌生的铁道线。从 JR 山手线的五反田站出发 8 分钟到达长原站，一出站便是怀旧的商业街，居民与店家熟络地打招呼，和乐融融。徒步一分钟，便可见到稻叶和浅野的和果子工作室 wagashi asobi。✳店外有老猫慵懒缓行，木制看板上写着工作室名：wagashi asobi，写成汉字则是“和菓子　遊び”（和果子游戏）。店前的小庭院里，种着各式各样的小盆栽，初夏里盛开得热闹欢快。石台阶上镶进了彩色玻璃弹珠，阳光下一闪一闪，满是童趣。院里停着浅野的自行车，那是辆典型的日本妈妈自行车，后面安置了儿童座、可爱的坐垫和玩具，旁边还停着辆小孩的玩具自行车。小孩下课后就会在工作室前骑自行车玩耍。傍晚，浅野会用自行车载小孩回家。✳与多数早出晚归，过度劳碌的日本上班族不同，稻叶和浅野就住在工作室附近，附近的居民都成了朋友。对他们来说，周末和朋友们一起去喝酒吃饭，参加各种社区活动，花心思照顾孩子，陪伴家人，是非常重要的事。✳这样用心体味生活的人，做出的和果子会是什么样子？

PROFILE

稻叶基大 & 浅野理生

东京创作和果子工作室 wagashi asobi 创始人。工作室主要进行创意和果子开发制作，同时不定期地在日本国内外举办“和”文化传播活动。

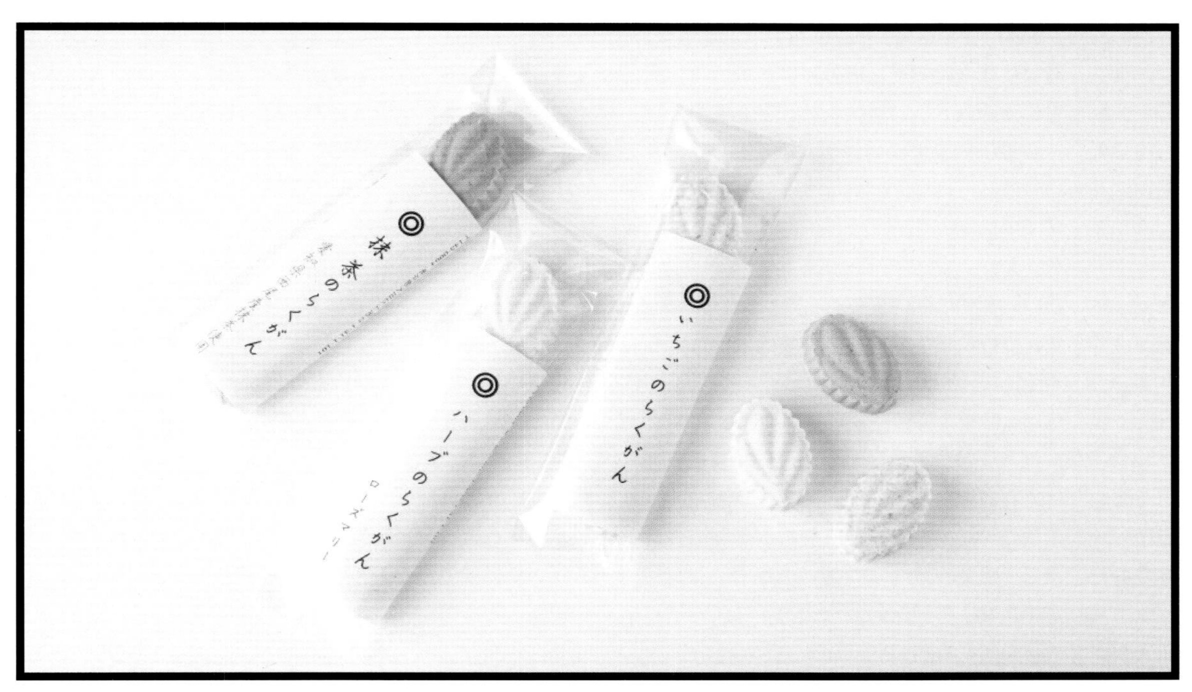

● "落雁"是一款日本传统干果子，但 wagashi asobi 制作的 "落雁"，则在传统配方上稍做变化。首先，不使用人工色素，只用天然水果染色；其次，不用人工香精，而是将天然香草粉、水果粉、糯米粉和糖粉融合在一起，入口皆是自然芳香；第三，传统 "落雁" 用的是上白糖，而稻叶使用糖粉，使 "落雁" 入口即化。photo: MIHO

以和果子为介，传播"和"文化

❍ 原本在知名和果子店工作的两个人，因想找寻和果子的新的可能性，并向更多的人传达和果子的魅力，而一起开了这家创作和果子工作室兼店铺。两个人从未在专业学校学习过，都是从学徒做起，拥有丰富的实践经验。在日本，和果子职人很难有机会接触到客人，也难以收到客人的反馈，这对稻叶来说是一种遗憾。在知名和果子店工作的那些年，他一直希望有一天，可以看到客人吃到自己做的和果子时的表情。

❍ 于是独立之后，稻叶喜欢去附近的小学教孩子们做简单的和果子，看到孩子们天真的笑容和嘴边沾满饼屑的样子，他感到很快乐。

❍ 比起铺天盖地的宣传，稻叶和浅野更喜欢身体力行。他们手把手地教孩子们制作和果子，亲切地与来工作室的客人聊天，分享彼此的故事。他们将自己的世界观，在这些对话和劳作的过程中，温柔地传递着。

❍ 稻叶和浅野的"和"文化传播计划，不只限于日本国内，他们也时常去国外组织活动，教国外的小朋友们制作有趣造型的和果子。稻叶说："如果那些小朋友们长大了，有机会来到日本，再次尝到和果子时，也许会唤起他们儿时的回忆，觉得这是记忆里的味道。不同文化背景下的人们却拥有相同的味蕾记忆，这是一件很美好的事。"

和果子的艺术方程式"＋"和"×"

❍ 和果子用它的形、色、味，表现出日本人对季节的纤细感知。且不说春天的樱花、夏天的流水、秋天的红叶、冬天的雪这样寻常的季节表现，乳白色的和果子被用嫩叶裹住，来表现冬过春临，从融雪里冒出春芽新绿；撒上细软砂糖，来表现红叶上打上的初霜。日本的和果子职人连这样细腻的季节转换的瞬间，都如此用心捕捉，并通过和果子呈现出来，着实令人着迷。

❍ 然而，又不知从什么时候起，知名和果子店铺里售卖的和果子，开始以高冷的姿态被陈列在百货商店的橱窗里；而为满足一时嘴馋而推出的低价和果子，却又以粗糙的造型和味道挤在便利店和超市的货架上。和果子的未来应当如何？所谓的创作和果子意味着什么？这些问题，是稻叶和浅野一直在思考的。

第一方程式“×”：寻找相似点

❍ wagashi asobi 的招牌商品——干果羊羹，是在传统的红豆羊羹里，加入了无花果干、草莓干还有核桃。这种尝试在传统和果子界是非常鲜见的。

❍ 最开始想到创作这款和果子，是因为浅野的朋友，著名歌手兼摄影师佐藤奈奈子在准备摄影展“Poetic Bread”时，拜托浅野做一款可搭配面包的和果子。

❍ 像数学公式推导一般，浅野每天都在为“和果子 × 面包”的组合可能性，进行各种尝试。首先她思考哪些食材适宜搭配面包，想到了红豆、黑糖、核桃，这时她决定做一款以红豆为主的羊羹。但不能做传统的羊羹，红豆还可以与哪些有趣的食材搭配呢？她又想到了草莓，比如草莓大福这种广受喜爱的日本点心，就是红豆与草莓的经典组合。继续思考，浅野又想到了无花果干，它的酸味正好可以中和红豆馅的甜，再经朗姆酒浸泡过后，还添了一分酒的醇香。就这样，这些看似毫无关系的元素在浅野的脑子里一点点串联，编织着。

❍ 对浅野来说，仅仅是味觉创新仍不够。她参考 Terrine（法式冻）的呈现方式，想象着无花果干的果肉呈粒状，核桃是几何学模样，而暗红的草莓干可以在羊羹的切面处形成各种抽象意境。就像是幽静无垠的星空中闪烁的星星，它和它，它和它，任意地组合搭配，变幻无穷，这幅画面一下子就征服了浅野，她决定了，就为朋友研发一款干果羊羹。

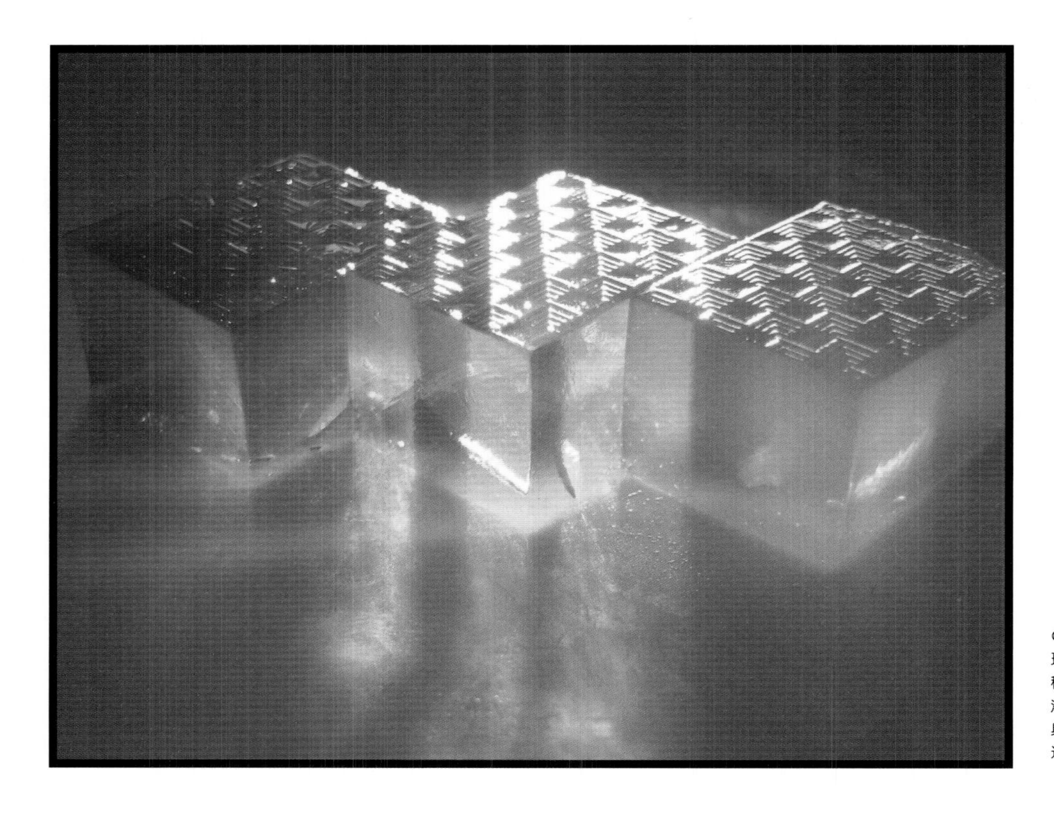

● 这款和果子名为“琥珀”，主要材料是寒天。稻叶和浅野将材料混合液倒入了巧克力制作模具中，所以表面才形成了这样的纹路。

◍ 浅野为友人的摄影展开发的创作和果子——干果羊羹，用来搭配面包与红酒。photo: MIHO

❍ 新鲜出炉的面包涂抹上奶油芝士，再摆上切成 1 厘米左右薄片的干果羊羹，配上一杯红酒。面包带着天然小麦芬芳，干果羊羹有着馥郁的果香和隐约的酒香，核桃的口感与羊羹形成对比，美妙的切面让人联想起法式的 Terrine，这样日式和洋式的杂糅创新，让摄影展上的客人们大为赞赏。

第二方程式"+"：利用不同元素组合互补

❍ 最近在日本网络上引起极大关注的"心安寺石庭"，是出自日本艺术家齐藤智法和 Shohei Sawada 的构想，最终由稻叶来执行的艺术作品。

❍ 这款创作和果子，融入了枯山水这种禅宗寺院的设计风格，以石块和白砂表现无常、枯寂的岛国情绪。稻叶用混入黑芝麻的和果子做出岩石造型，搭配绿叶造型的"落雁"(和果子名称)，重现了枯水园林的静谧之感。作品一出，购买请求即如潮水般涌入邮箱，但稻叶只是淡淡一笑："一个作品而已。"

❍ 关于加法，除了和果子造型上的搭配，稻叶和浅野也在适宜搭配和果子的饮品上进行了多番思考。除了传统的日本茶以外，他们发现干果羊羹+冰拿铁，迷迭香落雁+红茶等等搭配也十分相宜。

❍ 另外，他们也会与陶艺师讨论陶器与和果子的盛装组合，与花道老师讨论和果子的季节花朵造型设计。他们想通过各种搭配组合的可能性，让和果子的表现力发挥得淋漓尽致。

为了和果子的明天，寻找创作与现实的平衡点

❍ 日本人习惯购买和果子赠予亲友，但年轻人觉得和果子是长辈们的喜好，加之巧克力、蛋糕等西洋甜品的诸多选择，大大降低了日本年轻人对和果子的购买欲。和果子市场的不乐观，也给经营者们带来了困难。

❍ 从经营上来说，比起租金昂贵的涩谷、青山等时尚据点，稻叶和浅野选择将工作室开在长原站。稻叶说现在网络发达，通过网店并不愁与外界沟通。所以他们更倾向于将资金投入到材料、开发和各种身体力行的"和"文化传播活动中。

❍ 尽量用当季的果实染色，并根据应季果实来思考创作，是他们一直在坚持的。不用任何色素和防腐剂，他们做的和果子保质期只有 15 天。现在工作室兼店铺里也只售卖两种招牌商品，其他都是通过网络定制的方式来贩卖。稻叶希望他们的模式能够成功，因为这对于越来越少的年轻和果子职人来说是一种鼓励。他们希望有更多的人去发现和果子的可能性，以唤起更多对和果子的关注和喜爱。

❍ 在西洋甜品以洋气的名字、华丽的包装和浪漫的故事背景称霸了甜品市场的今天，各种流行文化也以极快的速度更新淘汰，催化和改变着人们的消费观。对旧事物的重新欣赏，和追新求异的意识，正在年轻人中间蔓延。而另一方面，在一些品牌老店、高级百货商店里的和果子，正以高姿态和距离感远离大众的视线。尽管如此，稻叶和浅野决意克服种种困难，一边探索和果子的新组合与新可能，一边以实际行动，尝试唤醒人们消费意识的转变。日本传统和果子职人的执着精神，也以新的形式，在稻叶和浅野的身上体现着。fin.

● 位于日本东京浅草地区的"马岛屋果子道具店"，地址：东京都台东区西浅草 2－5－4

专访 ……… ×大河原仁

一张小工作台，60 年的木型雕刻

专访果子木型制作职人大河原仁

Agnes_Huan 歡 / interview & text

陈晗 / edit

Agnes_Huan 歡 / photo

PROFILE

大河原仁

日本东京浅草"马岛屋果子道具店"的果子木型制作职人。

✶日本的和果子以其美丽的造型，迷人的色彩，四季的寓意而闻名于世。很多人喜爱和果子，不只是喜爱它的外观或口感，也爱着它背后的历史、传统与工艺。比如制作和果子的道具之一：果子木型，就是很多爱“果”人士津津乐道的话题。

❍ 果子木型，即用来使和果子成型的木质模具，通常刻有精细的花鸟鱼虫等纹样。这种木型的手工制作工艺，相传起源于日本江户时代，然而在现在的日本，它却逐渐变成一门正在没落的老手艺，如今能够纯手工完成果子木型制作雕刻的职人，日本全国不足 10 人。

❍ 而大河原仁先生，就是这仅存的几人之一。大河原仁先生工作的地方位于东京浅草，一家专卖点心制作道具的老铺“马岛屋果子道具店”。他刚来到这家道具店的时候，店里尚有 10 位木型职人，60 多年过去，却只剩他一人。他的名气在日本全国和果子道具界都很响亮，无论高级和果子店还是和果子教室，甚至一些外国和果子爱好者，都会发来订单。

❍ 对每个订单，老先生都是一一与客人进行各个细节的确认，才开始谨慎地制图和制作。并不会因为订单的大小，而对制作程序有丝毫改变。

❍ 构思图案，制作样纸，手绘草图，将草图复写到木头上，雕刻——这大概就是木型制作的基本过程。看似简单，但要将平面草图变成立体木型，绝非易事。每一刀下刀的深浅，从平面图纸上肯定看不出来，全靠职人经验。每一刀的倾斜角度，也都经过仔细思量，以使和果子更易脱模。除此之外，还有一个格外考验匠人技艺的地方——用定制的木型制作出来的和果子成品重量，也需与客人要求的一致。而大河原先生几乎能做到不差分毫。要说秘诀的话，恐怕也只有经年累月的磨炼。

❍ 适逢周六早晨，客人相对较少，店里十分清静。店内既有制作和果子的专门道具，也有制作洋果子（西式点心）的工具区。老先生站在工作台前，头顶亮着一盏老式日光灯，聊天途中也一直没停下手中的活儿。60 多年了，工作台的边角已经磨圆，而他从未厌倦过自己在做的事，看他制作木型的样子，就好像在给这些木型注入灵魂和生命。

● 画完初稿的樱木木型。

● 完成初步雕刻的木型。

◍ 位于店铺角落的工作台，所有木型都出自这个不足一平方米的小空间。

◍ 三角押棒以及制作成型的烧饼木型。在古代结婚仪式中，木型可用来制作赠送亲友的大型糕点，也可制作平日里喝茶品茗时搭配的茶点果子。

食帖 ▻ 您已从事和果子木型制作多少年了？

大河原仁 ▻ 60 多年了。现在做这行的越来越少，有点寂寞呢，但也没有收徒弟的打算。

食帖 ▻ 是因何决定进入这一行业的？

大河原仁 ▻ 没什么特殊的原因。我原本的工作是制作日式木屐。之后也有一段时间专注于佛坛雕刻。而果子木型制作，是因为当时父母说让我试着做做看，就开始做了，一路坚持到现在。现在店里的工作比以前忙碌了，原本是在二楼工作，有专门的木型制作场所，有 10 名木型制作者，但现在只剩我一人，近年来便搬到了一楼这里（指了指身后面积仅约一平方米的工作台），也方便照看店铺和招呼客人。

食帖 ▻ 您的木型制作是自己创作图案吗？

大河原仁 ▻ 不是，我从不自己创作，只是按照客人们发来的要求和图案来进行制作。一切都是按照客户要求定制的。来自哪里的订单都有，也有来自中国台湾的（说着拿出一张台湾寄来的明信片，上面印有客户希望定制的和果子图案）。

食帖 ▻ 制作木型的流程和道具大概是怎样的？

大河原仁 ▻（指了指身后的工作台）你也看到了，这么点地方就够了。那些橱柜抽屉里全部是制作需要的工具，一伸手就能取到，十分方便，我也很习惯。那里面有 100 多把不同的刀具，可以满足不同木型制作的需求。我通常会先根据客户要求，画出初步的草图，之后按照这个草图，选用不同的工具进行雕刻，然后将黏土放入初步刻好的木型中，倒出糕点模型，以确认成品是否符合客户的定制需求，再根据需要进行相应的修改。

● 麻雀虽小，五脏俱全的工作台空间。

● 工作台边的货架上，展示着一部分用大河原仁先生的木型做出的和果子样品。

● 店内也出售其他制作点心的模具。比如这款“型拔”，可以用它切出不同的点心形状。

专访………  × Nicolas Cloiseau

“最美味的巧克力，是明天的巧克力。”

专访巧克力匠人 Nicolas Cloiseau

于骁 / interview & text
陈晗 / edit
La Maison du Chocolat / photo courtesy

✳ “小时候，一个法棍，夹上几块方形的巧克力，简单地在烤箱里烤一下，就觉得美味无比。”眼前的 Nicolas Cloiseau 风趣健谈，保有童心，每每谈及巧克力的食材和工艺，都能明显感受到他的执着和认真。1974 年，Nicolas 出生于法国的拉尼翁（法语：Lannion），一个常住人口不足两万的海滨小城。从小他就热爱甜食，尤其是巧克力，最大的梦想就是以甜点为业，17 岁便考取了法国制作甜点、巧克力和糖果的中级资格证书，19 岁时又拿下高级资格证书[1]。1996 年，为了有机会跟随巧克力大师罗伯特 · 林克斯[2]学习，他加入了罗伯特创立的 La Maison du Chocolat[3]，并在巧克力工艺师这条路上不断超越。19 年过去了，Nicolas 已然成为法国首屈一指的巧克力工艺师，但他对巧克力的热爱，绝不会就此停止。

PROFILE

Nicolas Cloiseau（尼古拉斯·克鲁索）
现任法国 La Maison du Chocolat 主厨，2003 年和 2005 年分别获得法国糕点大赛（Concours Gastronomique d' Arpajon）巧克力组第一名和世界巧克力大师赛（World Chocolate Masters）第一名。2007 年获得法国最佳手工业者奖——最佳巧克力工艺师（Meilleur Ouvrier de France Chocolatier），该奖项是法国手工业者向往的最高荣誉。

1 Brevet de Maîtrise Pâtissier, Chocolatier, Confiseur.
2 罗伯特 · 林克斯：La Maison du Chocolat 的创始人，被誉为巧克力巫师，是当代最了不起的巧克力大师之一，是他首次将黑巧克力以及可可豆产地与品质观念带入主流市场，从此扭转了巧克力的历史。
3 La Maison du Chocolat：梅森巧克力，又译为巧克力之屋，于 1977 年由罗伯特 · 林克斯（Robert Linxe）创立。

食帖 ▻ 为什么选择成为一名巧克力工艺师？

***Nicolas Cloiseau*（以下简称“Nicolas”）▻** 似乎是水到渠成的，因为我爱巧克力，口味上也偏爱甜食。小时候我会偷偷地把复活节彩蛋藏到衣柜里，当然都是以被母亲发现而告终。那时的每个周末，都是在叔叔开的餐厅后厨里度过的，所以可以说，从很小的时候我就开始熟悉这个行业了。

19 岁结束了甜点培训后，我想继续深造自己钟爱的巧克力，并决心以此为业。这时曾接受过罗伯特·林克斯培训的朋友，建议我去 La Maison du Chocolat 求职，这样就能拜罗伯特·林克斯为师，于是我马上行动，并且很幸运地顺利入职。罗伯特·林克斯传授给我很多技艺，并鼓励我进行创作，更是在 2000 年让我接手负责创作部门，给予我很大的信任，对此我充满感恩。

La Maison du Chocolat 不只有巧克力，也有非常多的巧克力相关甜品：蛋糕、糖果、巧克力挞、巧克力馅马卡龙、手指泡芙、巧克力雪葩，以及各类巧克力饮品等。

食帖 ▻ 你觉得最美味的巧克力是什么巧克力?

***Nicolas* ▻** 最美味的巧克力永远是明天的巧克力，是还没有被创造的巧克力。

食帖 ▻ 怎样的巧克力才能称得上是优质的?

***Nicolas* ▻** 味道的结合和平衡是关键。这是一种科学，更是一种艺术，也是 La Maison du Chocolat 38 年以来一直追求的。

我喜欢巧克力能保有它自身的颜色和芳香。巧克力也像红酒一样，有前味、中味、后味（最多有四到五种香调）。根据不同的配方，如不同产地的巧克力，或不同的原料混合比例，最终形成的每层味道也不同。优质巧克力要达到从第一口到后味的味道，能够相互平衡，味道之间不会相互抵触或掩盖，也不能太浓或带酸，果味在其中只能做衬托。简而言之：味道醇厚，入口甘美，各味协调，恰到好处。当然食客的口味倾向也在渐渐发生改变，如今可可成分高、少糖、少油脂的巧克力越来越受到推崇。

Nicolas Cloiseau 主厨和他的圣诞节系列作品《仲夏夜之梦》：以牛奶巧克力为底盘设计的独特场景，极具诱惑。这款限量版样品，重达 13.11 磅（约 5.95 千克）。

食帖 ▻ 一款新口味的巧克力是如何被创造出来的?

***Nicolas* ▻** 不得不说，为了制作出独有的美味，在新产品还未投入生产甚至还未进行创作之前，就要投入大量的人力物力，用于寻找和筛选原料。这种在世界范围内寻找特别的可可豆的人会被称作“原料采集师”（法语 sourceur）。同时还要寻找与之相配的所有优质的原料：例如最好的可可豆、最好的榛果、最好的杏仁、最好的柠檬，我总是追求最好的。为了得到完美又独特的巧克力，原料采集师的工作不容小觑。

由左至右、由上至下分别为：● 严选埃斯佩莱特（Espelette）糖渍红灯笼椒制作，搭配法国盖朗德（Guérande）海盐与纯黑巧克力蓉，调和出特有的甘香。● 以黑醋、香葱、无花果混合制成牛奶巧克力的馅料，酸甜开胃，滋味一绝。● 牛肝菌散发淡淡盐香，配搭甜蜜香脆的榛子与果仁，味道倍加可口。

而为了创作出一款新的巧克力，我和原料专家通常需要花上一年半的时间去调整配方，才可达到苦味、酸味和果香或花香浓度的完美平衡。只有平衡多种原料，和不同年份的可可的口感，并且妥善调温，才能制作出馥郁丰厚、饱满细腻、柔顺易入口的巧克力。这很像酒窖调酒师的工作，不断地配搭，最终将不同年份的酒的优点全部发挥出来。

可可豆的选择固然重要，但是其他食材的创意搭配也是新口味成败的关键。像今年我们研发的几个特别口味，是将蔬菜与巧克力融合，比如红灯笼椒、榛子牛肝菌、黑醋香葱，都是大胆却有价值的尝试。

为了尊重食谱的完整性，我们每次只会少量制作30千克的巧克力，专业的巧克力工艺师将每种不同质感的巧克力倒在大理石桌上调温，然后以毫米为单位进行精密的手工切割，小心翼翼地裹上外层巧克力，再用裱花袋或叉子逐颗进行装饰。温度的控制也必不可少，这样才能充分发挥出巧克力的味道。

我相信食物的外观也会在一定程度上影响感知和味觉，所以也很重视每款作品的造型美感。生活中的一切事物都能成为我的灵感来源，包括旅行中的所见所感。我会结合灵感绘出草图，做出雏形，再向我的团队解释说明后加以调整，形成最终的作品。

◍ Nicolas Cloiseau 主厨的圣诞节系列作品，视觉与味觉的双重饕餮。

● 巧克力工艺师正在给巧克力调温。调温这一步对于巧克力的口感至关重要，先将融化的巧克力浆倒在大理石桌面上用刮刀刮平，有助于巧克力快速降温至 27~29℃，再融入少量融化巧克力使其适当升温，恢复到 30~32℃时，可可脂会形成较稳定的结晶，口感也就有了保证。

● 巧克力工艺师正在对巧克力进行精密的手工切割，以毫米为单位。

● 巧克力工艺师在用叉子逐颗地对巧克力进行装饰。

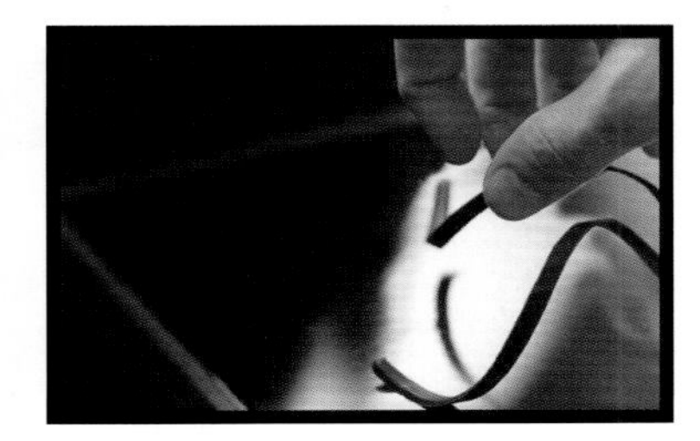

● 巧克力工艺师正在对作品进行表面装饰。

食帖 ▻ 你个人比较喜爱哪个产地的可可豆?

Nicolas ▻ 和产地相比，其实我更注重原料的味觉特征。如果一定要讲的话，我个人偏爱产自南美洲的可可豆，它的味道和口感更丝滑细腻。另外，我还发现了一种牙买加的考维曲[1]，带有新鲜的绿橄榄的香气，十分有趣。

食帖 ▻ 请分享几个制作巧克力甜点的心得。

Nicolas ▻ 如果只能说一样可以使可可变得伟大的完美配料，毫无疑问是鲜奶油！正是利用鲜奶油，才能将可可粉变成甘纳许[2]。如果再加一点马达加斯加的香草，口感会更甘甜饱满。另外，在制作巧克力甜点时，在丰富口感方面下功夫，总是会带给你惊喜！在同一个甜点中结合多种不同的质感，例如温和的、入口即化的、松脆的，会带来更有层次和深度的味觉体验。fin.

1 考维曲：法语是 Couverture，直译是涂层的意思，其实是指巧克力工艺师用作原料的一种巧克力。考维曲的可可固形物含量至少应达 35%，可可脂含量至少应达 31%。巧克力工艺师选择这种巧克力作为涂层，是为了获得有光泽的外观。

2 甘纳许：Ganache，一种奶油与融化巧克力的混合体。

专访 ……… ✕ Samantha & ED

从一块巧克力蛋糕开始

专访新加坡巧克力甜品 Awfully Chocolate

张奕超 / interview & text

Juli，Dora / photo courtesy

✴至少三千年前起，制作巧克力的原料可可豆就在中南美洲种植。而被称为巧克力王国的比利时和瑞士都分布在欧洲。总之，这种香甜又醇苦，可能出现在几乎任何一种甜品里的美味，历史上从来都与东南亚的新加坡没有什么关系。✴ 1998 年，一个名为 Awfully Chocolate 的新加坡巧克力蛋糕品牌横空出世，曾经有 12 年只做三种口味的圆形巧克力蛋糕和一种巧克力冰激凌，店面却开遍新加坡和中国。他们的"奇怪"无所不在：创始人 Lyn Lee 原本是律师，从没上过专业烹饪学校；开第一家店时，整家店只卖一种蛋糕，也没有展示柜；店面设计的基本标准就是"看起来不像个蛋糕店"……✴在 Awfully Chocolate 北京的一家门店墙壁上，有一块黑白装饰画，是那经典的披头士四人走过斑马线的画面，上面还有一句歌词：Life is what happens to you while you're busy making other plans。或许，这是一种解释？

PROFILE

Samantha
Awfully Chocolate 新加坡总公司驻中国大陆管理人员。

ED
Awfully Chocolate 北京、上海两地总代理。

● Awfully Chocolate 第一家店开业时还没有名字，只挂着“Chocolate Cake”的牌子。经过一段时间，创始人才想出了这个名字。“awfully 让人感觉很夸张、过分。这个不太好听的词，和好听的 chocolate 组合，代表浓郁得很夸张的超级巧克力。”ED 解释道。

食帖▻创始人 Lyn Lee 原本的职业是律师，怎么会想到做巧克力蛋糕？

Samantha ▻ 1998 年，新加坡流行法式甜点，一块蛋糕可能包含一层慕斯、一层饼干和一层薄薄的海绵蛋糕。真正蛋糕的成分很少。创始人最喜欢吃巧克力蛋糕，但市面上的巧克力蛋糕，要不就太甜，要不就缺巧克力味，她找遍新加坡都找不到自己喜欢的，干脆就自己做。她没有上过烹饪学校，完全靠自学，和朋友们每个周末都在家试验做蛋糕，大概花了一年时间，终于做出了我们的第一款蛋糕。

食帖▻仅凭一种蛋糕，你们就开了第一家店。说说你们第一家店的情况吧。

Samantha ▻那就有意思了（笑）。第一家店是创始人出于兴趣开的，在新加坡靠近东海岸的 Joo Chiat 路上。店面只有 20 平方米，有点像北京的胡同小店。设计非常简单，白墙、白地板，两张装饰用的椅子，一张黑色桌子，还有一个做店员的女生。没有展示柜，只卖一种蛋糕，看起来像诊疗所而不是蛋糕店。当时人们都觉得很奇怪，只卖一种蛋糕怎么赚钱？我们性格比较特别，不喜欢跟潮流。我们不认为多出产品就能多赚钱，这只是给大家多一些选择而已。

ED ▻开店第一天，路过的人都觉得很好奇，但真正进店的不多，刚好有个客人是记者，吃完第二天发表了一篇文章，第三天客人就排队买蛋糕了。不到一年，我们就在新加坡开了第二家店。

食帖▻圆形蛋糕一直在你们的菜单上，已经 17 年了，它的特别之处在哪里？

Samantha ▻圆形蛋糕既不是戚风蛋糕，也不是海绵蛋糕。创始人经过不断试验，才做出既不会太甜又有着纯正巧克力味的蛋糕。在刚开店的一两年内，我们为圆形蛋糕添加了香蕉夹心和朗姆酒樱桃夹心两种口味，还做了“黑”冰激凌（Hēi Ice Cream）。当时没做展示柜，因为每种蛋糕外表都一样，只是夹心不一样，没有必要展示。

食帖▻现在每个店面都有展示柜，甜品种类也比以前丰富，什么时候开始有这些转变的？

Samantha ▻ 2010 年以前，我们只有三种蛋糕和“黑”冰激凌。有客人希望可以吃到不同的东西，比如想要更浓的巧克力味。我们觉得是时候做一些改变了，就丰富了菜单，也增加了展示柜，这样挑选起来更方便。

● 超级黑巧克力蛋糕：Awfully Chocolate 为喜欢更浓巧克力风味的客人开发，含六层黑巧克力蛋糕和六层巧克力酱，比含两层巧克力蛋糕的圆形蛋糕口感更厚实浓郁。

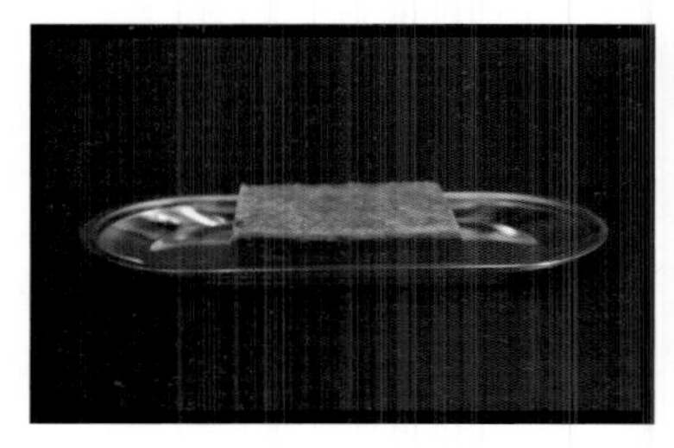

● 海盐奶油果糖布朗尼：布朗尼口感醇厚，搭配纯手工海盐奶油果糖。

● 白巧克力瑞士卷：湿润巧克力蛋糕胚，覆上比利时白巧克力制成的鲜奶油，以及手工甜咸奶油果糖酱。

● 千层黑巧蛋糕：层层巧克力可丽饼夹巧克力卡仕达酱。

● 松露巧克力，使用可可含量约 80% 的巧克力，目前可尝到四种口味：香槟松露巧克力（Champagne Truffles）、经典黑松露巧克力（Dark Chocolate Truffles）、卡鲁哇松露巧克力（Kahlua Bars）、花生松露巧克力（Peanut Butter Truffles）。

● 原味圆形蛋糕由可可含量至少 70% 的黑巧克力制作而成，外层裹巧克力酱，里面是两层湿润、有弹性的巧克力蛋糕夹巧克力酱。香蕉与朗姆酒樱桃两种口味仅在夹心上与原味有所区分，外观均相同。

● Awfully Chocolate 也供应饮品，荔枝冰沙（Lychee Slushie）是很受欢迎的一款，由荔枝汁和糖浆调配而成，内含整颗新鲜荔枝。

食帖▻ Awfully Chocolate的理念是"简单且独特"(simple & unique)，可否具体解释一下？

Samantha ▻我们的产品非常简单，从1998年到2010年，只有四种。现在除了蛋糕和冰激凌，也有松露巧克力（Chocolate Truffles）和饮品等，但基本还是以巧克力为基础。我们比较挑，产品能不要太复杂就不要太复杂，多花时间在quality（质量）而不是quantity（数量）上。比如很多人都问为什么不在圆形蛋糕上画花或者放水果。首先它太软了，放水果会倒，其次奶油会干扰圆形蛋糕本身的味道。

ED ▻ Awfully Chocolate的店面设计都由公司内部的设计团队操刀，我们的核心就是different（不一样）。颜色都是干净的黑白色，很纯粹。每一家店都是独特的，让人看到我们就有一种"跟别的店不一样"的感觉。

食帖▻ Samantha当初为何想加入Awfully Chocolate？

Samantha ▻ 1998年第一家店开业时，我还在念小学。从小到大，每个生日爸爸妈妈都会买Awfully Chocolate的圆形蛋糕，可以说我是吃着它长大的。我最喜欢的是香蕉巧克力蛋糕，也很喜欢"黑"冰激凌，因为以前从来没吃过这么纯的巧克力冰激凌。在新加坡，大多数家庭都买过Awfully Chocolate，它对我来说一直很熟悉。后来有机会在这里工作，我也非常认同它的理念，我们就像一家人，每个人都很爱这份工作，很开心。

食帖▻除中国香港和新加坡以外，你们门店都采用加盟模式，每一家的产品和服务如何做到标准化？

Samantha ▻每个在中国的trainer（培训师）都会到新加坡接受严格的训练计划，通过后才能到这边训练甜品师和店员。总公司也会派人过来，像我每年有四分之三的时间都在这边。我们也经常巡店，确保每家店的产品和服务都是一样的。所有门店的原料都从新加坡运来，虽然麻烦一点，但是值得。Awfully Chocolate也参与可可豆挑选和烘焙过程，会根据需要向供应商定制巧克力，而非直接购买现成的巧克力。

食帖▻你们在开发新品、新店扩张等方面一直很谨慎。

Samantha ▻产品是最主要的。我们已经做了17年了，希望一直做下去。做巧克力可以像变魔术一样做很多造型，但最重要的还是好吃。上海有一个老字号蛋糕品牌，其实味道已经一般，但老上海人一说吃蛋糕，就会提到这家店。我们也希望以后只要说到吃巧克力，就会想起

● Samantha正在进行制作阿拉斯加火焰山（The Floating Alaska）的最后一个步骤：用喷枪点燃白兰地，淋在蛋糕上，待蛋白霜烤得略带焦黄时，将火焰吹灭。蛋糕内层是无面粉巧克力蛋糕（Flourless Chocolate Cake），外部包裹一层蛋白霜，食用时蘸一点底部的香草卡仕达酱，带有淡淡酒香。

Awfully Chocolate，并且那时味道依旧要好。所以我们不急着扩张，愿意慢慢来。

其实我们不想将巧克力捧得太高，而是希望它既好吃，又能让每个人都吃得起。有一位四季酒店的法国主厨来找我们，说他的蛋糕做得比我们好吃。我问他："你能不能确保每天做的口感一模一样，并且以我们的价格，让每个人都吃得到？"他就不说话了。

食帖▻可否为喜欢吃浓郁巧克力风味和较淡巧克力风味的客人，分别推荐不同食物？

Samantha ▻喜欢浓郁巧克力风味的客人，可以选择超级黑巧克力蛋糕，它比圆形蛋糕味道浓厚，也是最接近圆形蛋糕的一种。或者选海盐奶油果糖布朗尼，味道也很浓厚。以上蛋糕可以任选一种，再配"黑"冰激凌和一杯冰的巧克力饮料，比如香蕉巧克力（Chocolate Banana），味道不会很浓，刚好中和。

如果不喜欢黑巧克力，另一个选择当然是白巧克力。比如白巧克力瑞士卷、千层黑巧蛋糕很多人也喜欢，它是可丽饼和奶油做的，巧克力味比较淡。巧克力味不浓的蛋糕一般推荐搭配热饮，皇家摩卡（Mocha Royal）或70%可可（70% Cacao）都很不错。fin.

专访 ……… Agnes ✕ 丰长雄二 ✕ 多米尼克・格罗

我的蓝带甜点修行日记

Agnes_Huan / text

陈晗 / edit

辞职，启程

❍ 怀揣着来一个“说走就走”的甜点修行梦想，2014 年年底我毅然决然地向“老大”递了辞职申请。经过几番推心置腹的长谈和“思想工作”后，“老大”终于点头放人。从打定主意要辞职进修的那天起，我用 3 天时间拿下了东京蓝带的录取通知书。当时据学校负责人说，那是 3 月开学的最后 2 个名额之一。这中间当然有幸运的成分，现在回想，或许也是因为朝梦想迈出的第一步所带来的志在必得的勇气使然，令自己去奋力争取。

❍ 抱着忐忑又期待，更多的是兴奋的心情，我在樱花初盛的 3 月底搭上了前往东京的航班，当时觉得离梦想的实现又近了一大步，激动坏了。

PROFILE

丰长雄二 （Yuji Toyonaga）

蓝带国际学院日本校区甜点技术总监，学生们喜欢称他为酷酷的 Y Chef。三十多年前毕业于东京的料理专门学校，之后在新宿 Café Troisgros 担任甜点师；六年后前往欧洲深造，先后在法国 L'Aubergade、Michael Azouz、Andre Mandion，以及比利时 Jean Pierre Bruneau 等米其林星级餐厅工作，积累了丰富的经验。同时，他亦是第一位加入 Compagnon de Tour de France 的日本人。1997 年回到日本，时任表参道 Marianne 甜点总厨；2010 年受邀加入蓝带东京校区，作为甜点讲座的主要讲师，并于 2013 年起担任蓝带日本校区甜点技术总监一职。他曾于 2002、2003、2005、2011 年，获得 Japan Cake Show 糖果类竞赛大奖，以及 2006 年该竞赛巧克力类别大奖。

多米尼克・格罗 （Dominique Gros）

蓝带国际学院日本校区甜点及烘焙讲座讲师。多米尼克来自法国东南部与阿尔卑斯山脉相连的萨瓦尔地区。35 年前投身于甜点师行业。在萨瓦尔地区的甜点店修行后前往巴黎，任职于 Maxim's de Paris。之后分别于伦敦、巴黎的 Le Meridien 酒店担任甜点师。2000 年前往日本，在蓝带东京校区担任甜点和烘焙课程讲师。同时他也十分擅长冰雕和可颂的制作。

真 正 的 修 行 已 经 开 始

❍ 我幻想着凭借以往在家小打小闹做蛋糕的“实践经验”，足以令自己在 3 个月的密集培训里游刃有余。事实上，一直到第二堂实践操作课之前，我还抱着这样天真的想法。直到 Chef（主厨）把我做的挞皮扔进垃圾桶并要求我重做时，我才意识到，真正的修行已经开始，而之前的业余爱好并不能为我带来更多的优势，必须像一张白纸一样从头学起。

❍ 除此以外，每周 5~6 天的课程，每天 6 小时的课时，着实让许久不进课堂的我紧张了一把。更别提上课的资料，除了方子以外，没有任何其他的步骤和做法信息。需要一笔一画全由自己当场记录下来，全程只能在演示课的时间拍照，而摄像以及录音是不被允许的。开始的一周时间，都是在拍照、记笔记、看 Chef 演示，以及适应厨房环境和工具的各种手忙脚乱中度过的。

❍ 每天的教学，先是 3 小时的演示课，由 Chef 亲自示范并讲解如何制作 3~5 种甜点，并且进行试吃；短暂的课间休息后，进入厨房进行 2.5 小时的实践操作，在这段时间内必须完成当天所学的所有甜点里的 1~3 种不同甜点的制作。是的，你没看错，是 1~3 种，具体根据当天的教学计划来执行。完成后，Chef 会对每个人的作品进行打分，而评判的标准有操作流程是否规范，特殊技能是否掌握，成品的外观和口感如何，以及是否按时完成等。如果不能按时完成，每迟一分钟都要进行相应的扣分。所以经过一开始的几堂课后，同学们不自觉地都加快了速度。厨房实践课一般会和比邻的同学组队，有很多甜点是需要两人一起合作分工的。所幸我与实践课的小伙伴合作顺利，互相帮了不少忙。

同 学 们

❍ 班里的同学都是来自亚洲各个地区的甜点制作爱好者，他们分别从原本的工作领域跳脱出来，追寻自己的梦想。有刚从美国名校毕业的学生，有自己在台北开清酒吧的老板娘，也有从医疗和金融行业出来的精英，以及普通的上班族和香港的师奶。

❍ 印象最深的是一对来自澳洲的母女，妈妈已然是退休的年纪，却因对甜点的喜爱，不远千里来到日本与女儿一起上课学习。平时下课闲聊时，她总是调侃自己说：“年纪大了，记笔记可跟不上你们小年轻呢。”她还说常常睡觉都梦到上课时来不及记笔记，或者实践操作的步骤没做好，甚至会半夜突然醒过来，琢磨白天所学。但这些丝毫不影响她成为我们班最励志的一位同学。

● 仿佛置身于巴黎街头的咖啡小馆。

多米尼克在厨房实践课从旁指导学员。

❍ 大家的目标也各不相同，有的立志成为一流甜点大师闻名世界；有的想要回国开一间小小的甜点咖啡店；也有想要继续留在蓝带深造法餐和面包，以获得 Grand Diplôme（厨艺大文凭）后自己开餐厅的；也有纯粹出于爱好，想要系统地学习一下传统法式甜点制作然后回家慢慢钻研的。在这样的班级里，上课氛围十分有趣，大家都会踊跃提问，Chef 则不厌其烦地讲解。每一堂课于我，都是一次新奇的发现之旅，有时候看到 Chef 演示新的技巧就会惊叹：原来如此啊！偶尔还因掌握了新的技能，一扫之前自己做甜点失败却找不到原因的沮丧，开心到甚至有点想哭。这种感觉，有点像喜欢糖果却求之不得的小孩子，突然间得到了取之不尽用之不竭的糖果，而且谁也拿不走的那种心情。

Chef 们

❍ 有温暖如慈父的 Chef，讲课细致耐心，不厌其烦地重复要点，实践课手把手教学。当然，你偶尔做错了，他也会假装严厉地批评你“上课不认真听讲”。也有酷酷的冷面笑匠型 Chef，虽然寡言少语，但讲课内容精炼，演示步骤和手法清晰，逻辑严谨，却又创作力十足。还有被我们笑称为“典型处女座”的法国 Chef，上课很爱面面俱到，常常因为想要多教知识点，却又怕耽误下课而把大家搞得紧张兮兮，最常挂在嘴边的就是：“其实这个有好多种做法哦，我只是想要你们看到更多种方法嘛。”每次的演示作品他也一定力求完美，以求树立好榜样，也是希望我们可以拍到美美的照片回去参考。
❍ 于我而言，他们每一位都是我甜点修行路上的启蒙老师。除了知识和技能外，他们教给我的最重要的东西，便是学会思考和提问。就像他们中的一位常说的：“你们要学会思考，学会问自己为什么，为什么是这个配方比例？为什么是这样的手势？为什么是这样的操作顺序？为什么这样搭配？”虽然问题有时候会带来更多的问题，但是学会并习惯了去思考和多问一句为什么，你就多了一个学习和探索的机会。而不是一个只会按照死方子做糕点的“傻瓜”。

● 每天 Chef 的演示课，学员们边看边记。为了能够拍摄到几位 Chef 上演示课以及厨房实践课的照片，学校特意安排了几位 Chef 都有课程的周六。并且为了尊重学生的个人隐私，在上课前都已向学生和 Chef 说明拍摄情况，取得了大家的同意。

◍ 演示课之后进入厨房进行实践操作，学员们亲自动手制作甜点。对于我来说，这是头一次没有穿制服，用旁观者的视角重新打量起熟悉的教室和操作台。厨房里面学员们忙碌的身影，平日里自己身处其中倒也无暇打量。想起刚来时进厨房，笔记从不离手的我，现在已可以不看一眼笔记就能完成操作了。而一个月后就要和这日渐熟悉的锅碗瓢盆、面粉、鸡蛋、白糖、奶油、香草荚说再见，心中有些不舍。

Agnes ▻为何选择甜点师这一职业?

***丰长雄二*▻**（酷酷地笑）为什么选这个职业，嗯，是因为我性格的缘故。可能天生不爱说话，不喜欢社交，所以觉得不用说太多话的工作会很适合我。比如一个人静静地做甜点这样的工作，很适合我。

***多米尼克·格罗（以下简称“多米尼克”）*▻**对我来说原因很简单，我小时候，经常在家帮母亲做料理和烘焙。7岁时，我就已经很清楚自己将来想做什么，那时我跟母亲说，我要成为一名甜点师。所以长大后直接去念了专门学校。直到现在我也没改变过主意。

Agnes ▻可丰长雄二你现在是老师，上课是你话最多的时候吧?

***丰长雄二*▻**你觉得比起其他 Chef 来说，我上课算话多的吗？当然，当甜点师还有另外一个原因：我希望自己是一个可以为他人带去欢乐的人。因为我做的甜点，而令品尝的客人满意和欣喜，也是促使我成为甜点师的一大动力。

Agnes ▻为何选择留在蓝带?

***丰长雄二*▻**严格来讲，并不是我选择蓝带，而是蓝带选择了我。学校一共邀请了我三次，前两次我都拒绝了，最后一次才答应的。

***多米尼克*▻**我倒是没那么曲折，当时蓝带东京校区的一名法国甜点师是我的朋友，问我是否有兴趣来日本执掌教鞭，把自己擅长的知识技能传授给那里的学生们。于是我想为什么不呢，就来了。

Agnes ▻对于为期3个月的密集培训课程，二位的看法是?

***多米尼克*▻**从学生的角度来讲，各个阶段的进度是神速的。这个课程的密度，决定了它的含金量很高，因为你们可以在短短 3 个月的时间内，接触到我们老一辈在学校历时 2 年才能学到的，传统法式甜点所要求掌握的所有技巧和知识点。

我们身为老师，将这些东西传授给学生，是职责所在，而学生，也需要更多地实践、操作、练习，来温习和巩固短期内接触到的大量知识和技巧。这样所学才会更加扎实稳固，更好地学以致用。

如果成为甜点师是一条漫长的路，我们在这里教给学生的，是今后路上过关斩将所需要用到的所有工具和钥匙。唯一的捷径，就是勤奋和日复一日地练习。

~~~~~~~~~~~~~~~

Agnes ▻你们各自从业都已超过30年，甜点教学也有15年左右了，每次重复类似的教学内容，会不会感到厌倦？

多米尼克 ▻这本来就是我们的工作和职责所在。并且，虽然教学内容大致相同，可每批学生不同，所以哪怕是同样的内容，讲给不同的学生听，反响也不同。

~~~~~~~~~~~~~~~

Agnes ▻教学时有没有遇到过很难忘的经历？

丰长雄二▻（沉思片刻）有是有啦，不过不知道大家会不会也觉得有趣。比如有一次最终考试，当我切开学生作品品尝，准备去评分的时候，发现蛋糕是奇怪的咸味。于是问学生怎么回事，原来他太紧张，错把糖的分量当成了盐的分量，你说是不是很好笑？还有前段时间你们班里有个同学过生日，有其他同学悄悄地请我在当天的演示蛋糕上写她的名字，并点生日蜡烛给她庆生。当天我还单膝下跪，请求她接受祝福。

~~~~~~~~~~~~~~~

Agnes ▻你认为成为一名成功甜点师的关键，是熟练掌握所有技巧，还是必须有相关的天赋？

丰长雄二▻对我来说，只要你对甜点制作感兴趣，都可以学习，没有成功与否的概念。任何人想要做好一个甜点，掌握基础技巧都是必需的。只是如果上升到专业甜点师的领域，掌握所有技巧是必需的也是最基础的。在此基础之上，再加上每个人所拥有的独一无二的东西（可以称为天赋吧），这些加起来才是造就与众不同的甜点大师的关键。

多米尼克▻但是无论如何，基础的知识和技巧是必需的，这里没有捷径可走，在你有机会用到那一点天赋之前，需要先明白和理解我们所教授的东西，在此基础上反复练习，这才是最重要的。要知道在蓝带，我们对学生的严厉程度，比起我小时候在学校学习的时候可差远了（笑）。那时候你要是做错一个环节，Chef可是会直接打你的脑袋并且非常严厉地批评。所以知道我们对你们有多温柔了吧（笑）。

~~~~~~~~~~~~~~~

Agnes ▻为何选择留在日本教学？

多米尼克▻我很爱到处旅行，之前的甜点师工作，令我有机会去了不少国家，像英国、西班牙、瑞士、安道尔，以及现在的日本。每一个地方对于甜点的制作和认识，都会与当地人的口味喜好以及当地食材有密切联系。虽然我是一名法国甜点师，但这些经历和不同国家甜点文化的碰撞，让我有了不同的视角，以及更开放的想法，这对于甜点的创作和改良是十分有益和有趣的。

丰长雄二▻除此以外，日本有许多本土特有的优质原材料，比如北海道的牛奶和鲜奶油等奶制品、黄油和糖等原料，在口味上甚至超越了西式甜点的发源地法国。日本的甜点师们，也致力于将本地特色的食材和原料，与法式甜点进行融合创新并发扬光大，这也是众多大厨们的梦想和追求。正因如此，才吸引了越来越多世界各地的优秀甜点师和厨师来到东京。这片土地上不仅崛起了越来越多的米其林星级餐厅和甜点店，也成就了许多大厨的事业和梦想。

~~~~~~~~~~~~~~~

Agnes ▻说到原料，令我想起上课时同学们会问“这种原料在我们国家没有，需要进口，成本很高怎么办”之类的问题，你如何看待？

丰长雄二▻日本作为亚洲国家，民众从接触到喜爱西式点心已经有50多年的历史了。早期西式甜点制作的原料，并非日本人所熟悉或常用的材料。出于对原料异常的执着，也是因希望能在日本本土做出同样美味的西式点心，早期西渡归国的甜点师和原料供应商们，就会努力寻找和开发适应本地使用的西点原料。这其实就是日本的甜点师们遇到关于原料的问题时，所找到的解决方法。作为老师，我们会教授你们最正统最法式的配方和制作手法，而你们各自归国后，想要按照同样配方，做出同样美味的甜点，其实未必可行。这就是我们希望你们掌握的另一层要点：方子是死的，甜点师是活的。你要做的并不是一五一十地按着方子去复制，而是回到你所处的地方，因地制宜地尝试寻找类似或者更适合的原料来制作美味的甜点。没有最好的方子，只有更好的。我最满意的作品，永远都是下一个。你能想象我们学校店铺里的某一款甜点，我前后一共改了7次配方来调整口感吗？

所以，不用担心同样的方子，为什么在这儿能成功，回家了却变得不同。我们希望你们能在基本原理和技巧之上，学会因地制宜地调整配方比例，大到不同的气候、湿度，小到不同的烤箱、温度，不一样的加热方法和火候等一切差异，都需要通过自己的观察和尝试去做微调，找到最合适你们自己的做法。并且不忘时时创新和突破。这是甜点修行的必经之路。

~~~~~~~~~~~~~~~

Agnes ▻日本人和法国人最喜爱的甜点各是哪几种?

丰长雄二▻口味这回事，确实每个国家的人的喜好会有差异。在日本甜点店居于榜首的西式甜点是草莓鲜奶蛋糕、芝士蛋糕、奶油蛋糕卷以及奶油泡芙。唯一不变的，就是这 30 年来，一直就是这四款甜点的人气居高不下，在这一点上日本人还是很专一的。

多米尼克▻确实，法国也是这样的情况。从我小时候起人们爱吃的点心一直就是那么几样，你在任何一家甜点店里永远都会看到巧克力闪电泡芙、St.Honore 泡芙（圣多诺黑泡芙）、“歌剧院”蛋糕。至于为什么几十年都不怎么变化，也许是因为这些甜点是我们小时候的记忆的一部分，每一代人小时候常吃的甜点就这几样。当然了，有一些习惯还是会逐渐改变，比如近几年法国甜点的甜度比我们小时候吃的甜度降低了不少。这和如今人们提倡健康低糖的生活方式有关。

~~~~~~~~~~~~~~

Agnes ▻作为甜点师的你们，是否想过通过开创新甜点，来改变今时今日已经相对固定了的大众消费口味?

多米尼克▻当然了，这应该是每个甜点师的梦想，也是挑战。

丰长雄二▻作为甜点师，推陈出新是自我修行的一部分。市场和消费者也需要新鲜口味的刺激。但你看经过这么多年，受到大家喜爱的依旧是那些经典、简单的甜点。所以创新有可能只引起一时风潮，而创作返璞归真、禁得住时间考验的作品，才是最大的挑战，也是我们所有甜点师一直思考和尝试的主题。

~~~~~~~~~~~~~~

Agnes ▻如何不让工作影响到身材和健康?

多米尼克▻他（丰长雄二）的话，我觉得是基因的关系，所以一直那么瘦（笑），加上日本民族相对健康和清淡的饮食结构，所以应该不需要为身材什么的担忧吧。我与他正相反，我姓“胖”(法语 gros，意为胖、胖人)，我感觉也许家族祖上有肥胖的基因，就给了这么个姓氏，来提醒后代子孙要注意饮食。所以就我个人来讲，还是非常小心和注意饮食结构的。由于工作缘故，不免天天要吃甜点，其实自己也忍不住去吃。每次体重超标的时候，我就提醒自己只咬一口，然后下班后多做运动，才能保证身材不会走样得太厉害。

丰长雄二▻同意他的说法。我十分喜爱运动和爬山。运动是控制体重相对有效的方法，不过嘴巴也是要管牢。

~~~~~~~~~~~~~~

Agnes ▻如果不做甜点师，你们想做什么工作?

丰长雄二▻想要从事考古学的工作。去那些古迹里挖掘、探索，而且面对那些成百上千年的老古董，也不需要讲话吧，静静的就好，应该也挺适合我的。

多米尼克▻我嘛还是喜欢到处走走，尤其是山里。如果不做甜点师的话，我可能就开一家山林户外运动公司，定期带队去山里徒步跋涉。静静地走，静静地欣赏山景。说起来好像也不错呢。

~~~~~~~~~~~~~~

Agnes ▻平时在家会做甜点吗?

丰长雄二 & 多米尼克 ▻（两人异口同声）不会。在学校已经做了太多。

~~~~~~~~~~~~~~

Agnes ▻能否简短形容一下甜点对于你们的意义?

多米尼克▻是一种自由放松的自我展示。

丰长雄二▻是一种给予和收获的双向愉悦感。给予他人因我的甜点而产生的愉悦感，以及因收获他人的愉悦反馈，而产生的喜悦心情。fin.

蓝带求学 Q & A

Q1_ 对语言有哪些要求？

A1_ 有中文班(配中文翻译)，也有英文班(配英文翻译)。可根据自身的需求提前报名。

Q2_ 日本校区有几个？

A2_ 蓝带在日本有 2 个校区，分别位于东京代官山和关西的神户市。

Q3_ 什么时候提出申请？

A3_ 甜点密集培训课程为每 3 个月一个周期。建议至少提前 6 个月申请最新周期的课程。具体可参考蓝带学院的官方网站（http://www.lecordonbleu.com.cn/）招生信息。对于不熟悉英文和日文的同学，可以点击页面右上角的菜单，切换成中文进行查看。
~~~~~~~~~~~~~~

Agnes 的拿手甜点：Iced Coffee Soufflé 冰咖啡舒芙蕾（六人份）

准备时间 ▸▸▸▸ ✤ 30 分钟　　**冷冻时间** ▸▸▸▸ ✤ 2 小时

食材 ▸▸▸ **咖啡舒芙蕾**✤蛋黄 / 6 个✤糖 / 100 克✤即溶咖啡粉 / 15 克✤水 / 80 毫升✤明胶 / 6 克✤打发鲜奶油 / 450 毫升 **法式蛋白霜**✤蛋白 / 3 个✤盐 / 少许✤糖 / 100 克 **装饰**✤打发鲜奶油 / 150 毫升✤可可粉（不含糖）/ 少许

准备工作 ▸▸▸▸ ❶将 6 个圆杯（容量每个 125 毫升）外围用烘焙用油纸包裹，高度以超过杯口 2~3 厘米为准（以便增加成品高度），可用透明胶带或细绳固定；❷将明胶片加入容器中，放少许冰块和足够淹没明胶片的水。泡 10 分钟左右捞出备用。

做法 ▸▸▸▸ A **咖啡舒芙蕾**❶在一个容器中，加入蛋黄和糖，充分搅拌直到蛋黄发白；❶倒入搅拌好的即溶咖啡，充分搅拌；❸蛋糊隔热水搅拌至浓稠，提起搅拌勺时，蛋糊呈缎带状流下即可；加入准备好的明胶，搅拌均匀；移开热水锅，放凉备用；❹慢慢在咖啡蛋糊中加入打发的鲜奶油，搅拌均匀。

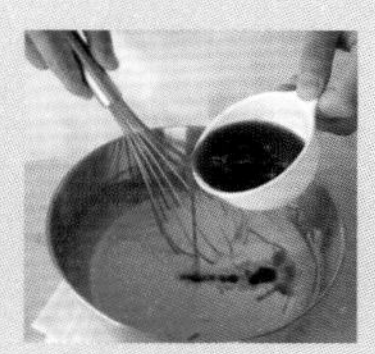

B **法式蛋白霜** 将蛋白打发到提起搅拌棒，尖端呈现软软的尖角时，加入盐和一半的糖，持续打发到蛋白呈硬性尖角。陆续加入剩余的糖，打发到蛋白霜呈现光泽即可。

C 快速轻柔地将咖啡舒芙蕾和蛋白霜，以及打发的鲜奶油混合。完成后迅速倒入准备好的模具中。抹平表面。放入冷冻室，冷冻至少 2 小时。

D **装盘**❶取出冷冻柜里的模具，去掉外面的油纸；❷表面抹上鲜奶油，撒一些可可粉装饰即可。

专访 ……… × Christophe Adam

闪电泡芙的传教士

专访法国甜点大师 Christophe Adam

于骁 / interview & text
陈晗 / edit
L'Éclair de Génie / photo courtesy

✳闪电泡芙的法语名字是"Éclair"，意为闪电。为什么要将这么温柔可口的法式甜点称作"闪电"呢？一说是因为这种泡芙刚烤好时，表面会出现闪电般的裂纹；另一说是因表面的糖衣和巧克力外壳如闪电般闪亮；还有一说，是为了避免里面的奶油流出，吃的时候需如闪电般快速。众说纷纭，唯独可以确定的是，闪电泡芙在 19 世纪初期就已诞生，由法国料理史上赫赫有名的 Marie-Antoine Carême 创作，早已成为法国家喻户晓的传统甜点。现如今，闪电泡芙的内馅可以有各式各样的口味，表面也不只是包裹糖衣或巧克力，而是发展出更加丰富的装饰，如新鲜水果、金箔，甚至是爆米花。

PROFILE

Christophe Adam （克里斯托夫·亚当）
曾任法国巴黎著名甜点品牌 Fauchon 甜点创意总监。2012 年，和合伙人 Déborah Temam 一起创立闪电泡芙品牌 L' Éclair de Génie。

● L' Éclair de Génie 店面装修清新明快，主色是 Christophe Adam 本人最喜欢的黑色、藕荷色和黄色。

❍ 近十年，闪电泡芙在国际甜点界重焕生机，这其中最大的功臣就是 Christophe Adam。他曾是巴黎甜点品牌 Fauchon 的甜点创意总监，而 Fauchon，正是以顶级的闪电泡芙闻名于世。他在 Fauchon 工作了十余年，其间创作出 150 余种闪电泡芙，尤其是在 2002 年 9 月创作出的一款橙子口味，收获巨大成功，从此令法国甜点界一提到闪电泡芙，就会想到他的名字。2012 年年末，离开了 Fauchon 的 Christophe Adam 和合伙人 Déborah Temam 一起，创立了一个新的闪电泡芙品牌 L'Éclair de Génie，并在巴黎的塞纳河右岸开了一家闪电泡芙专卖店。这家店轰动一时，很快就跻身于巴黎最受欢迎的甜点店行列。之后不久，他们又在帕西街（Rue de Passy）上开了第二家。现在包括日本的两家，全球一共有五家门店。

❍ L' Éclair de Génie 的甜点，讲求的是轻奢侈、高质量，不只是美味细腻的口感，还拥有光彩照人的外观，一件件甜点就像出自匠人之手的艺术品，令人垂涎的同时，又有些不舍破坏它们的美感。而对于钟爱甜点，却担心过于甜腻的人来说，L' Éclair de Génie 也是不错的选择，因为他们对甜点的标准就是“pas trop sucré”——不要太甜。

● Christophe Adam 站在松露巧克力展示架前。现在的 L' Éclair de Génie，不仅提供口味惊艳的闪电泡芙，还增加了高品质的松露巧克力。

“在这个领域已经做了25年，
现在我非常确定，
这一切都是我想要的！”
——Christophe Adam

◍ 2015 年 L'Éclair de Génie 推出的闪电泡芙新口味，以时令水果为主：柠檬、柑橘、香橙、草莓、覆盆子、醋栗。

食帖 ▻ 当初为何想要开一家专做闪电泡芙的店?

Christophe Adam（以下简称“Christophe”） ▻ 我一直特别喜欢闪电泡芙，开始制作闪电泡芙也已经超过12年了，这期间创作出了150多种闪电泡芙。离开Fauchon以后，我想做些不同的尝试，一些和上流社会的甜点有所区别的尝试。我已对上流社会糕点那出了名的繁复风格感到厌烦，和做二十款蛋糕相比，我更愿意专注于一样事物。而闪电泡芙一直是我钟爱的甜点，和它结缘这么久，好像没有比开一家闪电泡芙专卖店更好的选择了。

食帖 ▻ 你的闪电泡芙如此成功，能否分享一些心得?

Christophe ▻ 闪电泡芙的赏味期很短，只有一天时间，而且越是新鲜制作的越好吃。我们能成功的原因可能就在于我们是专卖店，只做闪电泡芙，所以能在新鲜这一点上做到极致。不是好为人师，但在甜点界，做最新鲜的甜点，用最新鲜的食材，让顾客在甜点做好的一天之内品尝，是件非常复杂且要冒很大风险的事。即便如此，我的一贯主张仍然是：新鲜！必须新鲜！

另外，能制作出最好的闪电泡芙，也要归功于我们选择最优质的食材。比如我们制作巧克力口味闪电泡芙所用的巧克力，品质不输任何一家专业的巧克力工坊。再比如香草来自马达加斯加，山核桃会选用美洲的。

食帖 ▻ 现在主要做哪几个系列的闪电泡芙?

Christophe ▻ 一共有三个系列：首先是季节系列，分为春夏两季，选用最新鲜的时令水果制成；其次是纯创作系列，是加入我自己的一些稀奇古怪想法的产物；最后是传统系列，都是一些不可或缺的口味，香草、巧克力之类的。但即使是传统巧克力口味的，每个月也会有新的变化和调整。

食帖 ▻ 制作甜点到今天，是否有对你影响较深的人？

Christophe ▻ 我今天的一切都要归功于我的母亲，也是她一直支持着我走到今天。我从小就不是学习的那块料，母亲也不知道该拿我怎么办，毕竟那时我还太年轻了。但她发现我喜欢烹饪，就开始朝这个方向引导我，在她的帮助下我找到了第一份工作——在罗斯科夫的一家餐馆后厨里实习。后来我慢慢学会了做一些蛋糕，并且慢慢喜欢上了甜点，就开始了甜点学徒的生涯。第一年特别艰难，因为那时我还不确定自己所做的事情，是不是我想要的。

但我很幸运，因为我真的爱上了甜点。在这个领域已经做了 25 年，现在我非常确定，这一切都是我想要的！

食帖 ▻ 继闪电泡芙以后，最近你们的产品里又加入了松露巧克力？

Christophe ▻ 之所以要将松露巧克力加入我的菜单，是因为它与闪电泡芙在口感上相得益彰，能够完美地结合。但我们还是保有自己的精神，相比起巧克力，这款松露巧克力更像是一种甜点。

食帖 ▻ 创作灵感一般源自哪里？

Christophe ▻ 生活中的一切：世界、季节、时尚、旅行、风景，或者是一次邂逅……我是一个停不下来的创作者，生活中的万事万物都能为我的创作提供灵感。

食帖 ▻ 关于闪电泡芙的最初记忆是什么？

Christophe ▻ 记得那时我还很小，祖母经常买一些甜点回家，我们几个小孩通常都会为了得到闪电泡芙而打架。

食帖 ▻ 你最喜欢的闪电泡芙口味？

Christophe ▻ 最近两三年特别喜欢焦糖，不过我的口味是会变的，要分不同时期，像画家作画一样，一段时期一个风格。现在我特别钟爱焦糖。fin.

● 自 2012 年 12 月 15 日 L'Éclair de Génie 的第一家店开业之后，至今 Christophe Adam 已开发 80 多种闪电泡芙。

● Christophe Adam 的 2015 年新作：黑加仑桑葚闪电泡芙。

● Christophe Adam 的 2015 年新作：开心果橄榄闪电泡芙。

● MOMOKO 的法式甜点集合：分别是“拿破仑”、蒙布朗、“歌剧院”、马卡龙（重现甜点大师 Pierre Hermé 的经典作品 Ispahan），以及慕斯系列：莓果芝士慕斯、巧克力杏仁慕斯、综合巧克力慕斯、法式草莓慕斯、开心果树莓慕斯、热情果杧果焦糖慕斯、椰子杧果慕斯、酒酿樱桃慕斯，还有香蕉鲜奶挞、焦糖榛子挞、巧克力香橙挞。

专访 ………  × 古源芥

慢下来的时光，在法式甜点的世界里

专访 MOMOKO 创始人古源芥

金梦 / interview & text
MOMOKO / photo courtesy

✳法式甜点一向以其精致的外观、考究的选材、精细的做法，而在世界甜点界享有“艺术品”的美誉。这大抵是由于法国人浪漫多情的个性，造就了他们在对待甜点时不愿将就的态度。不论是家庭味十足的玛德琳，还是充满少女气息、轻盈细腻的慕斯，抑或是酥脆香甜、能量满满的“拿破仑”，法国人总是能将不同气质的甜点做到极致。可是法式甜点究竟细致在哪些地方？外行人却也参详不透。出于一个偶然的机会，笔者结识了一位资深甜点爱好者，同时也是一个国内法式甜点品牌的创始人，他已研究法式甜点多年，有关法式甜点的诸多故事，就且听他娓娓道来。

PROFILE

古源芥

1986 年出生于乌鲁木齐，2008 年开始学习制作法式甜点，2015 年在成都太古里开了法式甜点店 MOMOKO。MOMOKO 如今已成为成都最专业的法式甜点店之一。

食帖▻你是什么时候喜欢上甜点的？是只钟情法式甜点，还是很多都喜欢？

古源芥▻ 2006年我开始做媒体，采访过很多家生活方式类型的店，所以对咖啡、西餐和甜点的了解越来越多。2008年我在大理住了半年，遇到一位意大利厨师，和他学习了制作甜点。潜移默化中，就对甜点产生了兴趣，于是便在2010年开了“蜜桃咖啡”，之后就一直系统地学习甜点品尝与制作。

我觉得按照现代甜点种类来划分，法式甜点是巅峰，也是无法避开的一个大分类，我们所有职人都会尝试并持续地学习法式甜点。我对法式甜点产生兴趣并去学习，是自然而然的，但并不能说是只钟情于法式甜点，像我们开设太古里店的时候，也有在日本学习并工作多年的优秀甜点师加入，将日式甜点和法式甜点相结合，让我们的法式甜点达到更好的状态。

食帖▻你曾跟随的意大利厨师是专做法式甜点的吗？

古源芥▻他做意大利传统餐。其实法式甜点的鼻祖是意大利餐，后来传入法国并且宫廷化了。我之所以师承于他，是因为他做的是较传统、正规的意餐。你知道，一个真正的意大利主厨是非常重视将感情注入食物的，所以我也很注重食物给人带来的感觉，我觉得幸福和爱的感受，从某种程度来说是重于工艺的。

食帖▻你对法式甜点的印象是什么？你认为国内的人们对法式甜点是否有些许误解？

古源芥▻第一次接触法式甜点是在台湾，台湾有非常多的优秀的甜点店，台北也是亚洲城市里甜点、咖啡和餐点等水平极高的城市。我觉得大陆很多“法式”甜点并不算法式，比如常见的芝士蛋糕，法国甜点店里并不多见，有也只有一款，顶多算是法式甜点的边缘。还有一些家庭烘焙的巧克力蛋糕、派和挞在严格意义上都不能算为法式甜点。

具体哪些算法式，哪些不算，还真没有绝对的定义。目前就巴黎甜点店提供的甜点来看，分层细致、调味讲究、外观精致，这些是基本特点。而且，即使只是一款慕斯，也至少应有三四种不同的口感和风味上的调节，互为层次，互相变换，这才是法式甜点的精髓，法餐也是如此。

误解倒不好说，只是缺乏了解，不了解自然会有误解。比如为什么会有苦的、酸的，或奇怪香料味道的甜点？因为法式甜点追求的是出彩和意外的调味，像Pierre Hermé，他最厉害的就是会运用各种食材来激发想象力，比如鸢尾花搭配烟熏茶、红萝卜、藏红花和紫罗兰，能想出这种风味混搭，简直就是艺术家。所以，如果觉得法式甜点只是一种随便吃吃的点心，应该算是最大的误解。

● 蒙布朗是最经典的法式甜点之一，蒙布朗是否正宗，取决于是否使用法国原产的板栗蓉。

食帖▻欧洲的甜点是否都偏甜，比如马卡龙？欧洲人是否真的比亚洲人更嗜甜？

古源芥▻据我所知，日本人、尼泊尔人、印度人都比法国人能吃甜，青木定治在巴黎开的甜点店，甜度几乎超越所有我吃过的巴黎甜点，这位日本主厨非常热爱糖，糖也的确是甜点的灵魂。所以我觉得并不是对糖的耐受度的问题，而是饮食习惯。如果甜点没有足够的甜度，就像川菜没有足够的辣度，根本无法体会其中的滋味和奥妙。当你本着开放的心态去学习和体验，慢慢地就都可以接受。

马卡龙秉承的是传统工艺，好的马卡龙并不只有甜味，而是会通过内馅去平衡味道，吃起来很容易接受。而且马卡龙不适合一口吃完，法国人会搭配茶或咖啡慢慢品尝。如果你一口就吃了，自然会觉得过甜，甜点也需要一定的品尝经验和技巧。

食帖▷你是从什么时候开始想要开一家甜点店的?

古源芥▷其实最早开的是一家咖啡馆，想做一个自己喜欢的品牌，里面包含许多美好的事物。后来咖啡馆关闭了，改为线上芝士蛋糕店。随着不断经营网店，我对甜点的认知也从好吃和会做，延伸到对历史、工艺的探索。同时发现，甜点是一个对很多人来说陌生的领域，但好吃的甜点又很普适：只要味道好，这种食物男女老少都爱。这点很有趣，特别符合我最早做媒体时“打开心门全是爱”的理念，所以觉得，这件事值得投入大量精力好好做。

我们发展得很慢，用了五年时间才重新开了第二家店。当然这和选址也有关系，太古里要求非常高，我们也希望做到更好，基本上从选址开始，就决定要突破法式甜点这个难关。最后算是突破了，目前我们是成都核心商圈唯一的甜点店，不卖面包不卖餐，就以法式甜点为主。

●法式经典甜点“拿破仑”，这是一种看起来简单其实异常难制作的甜点。要有多层酥松的酥皮，并配以柔滑的手工熬制香草卡仕达酱和混合铁塔淡奶油。

有趣的是，刚开始做咖啡馆时，我们找来了所有和食物有关的日本电影剧集来看，像《蜗牛食堂》《海鸥食堂》《奇迹餐厅》《深夜食堂》等，可以说就是因为看了这些，更坚定了开店的决心。好像看过这样的说法，文艺青年开店大多和这些文艺的日剧日影有关，但又大多开不好。我们算是一个反例（笑）?

食帖▷你希望呈现的是传统法式甜点，还是有创新与融合的甜点?

古源芥▷我们现在分两个方向，一是在线蛋糕店，以芝士蛋糕为主，这个方向的特色是尽可能地突破界限，在口味与装饰上不断创新。所以才有杏仁豆腐、百利甜酒、五粮液这样的独特口味，都是我们自己研发制作的。

另一个方向是门店，它的定位是真正意义上的法式甜点店，所以像蒙布朗、“歌剧院”、“拿破仑”这些经典法式甜点我们都有，目前我们也是成都唯一一家把蒙布朗做成传统外观的甜点店。另外，我们也在法式技术规范内不断尝试各种食材，基于本地产或是觅得的独特食材进行新口味研发，比如葡萄酒、榴梿和风味独特的香料等。研发非常重要，任何一家优秀的法式甜点店，都会努力研发新口味，我们也就此努力着。当然研发要基于严格的技术规范，比如分层清晰干净，内部夹心平整等。门店没有网店那么自由，相对来说更注重工艺和食材。

食帖▷ 甜点制作中，你最在意哪个部分?

古源芥▷食材永远是第一位的，优质的食材是好甜点的基础。其次是调味、工艺、造型，最后才是器皿。这个是基本的次序。

食材的要求首先是天然，比如做蒙布朗的板栗蓉，要么法国产，要么瑞士产，绝对不会用其他产地的，因为这两个国家的板栗蓉口感更好。也许国产的便宜很多，但要么加了香精，要么就是假货，因为国内没有对天然板栗蓉的消费习惯。还有法国宝茸(Boiron)品牌的果蓉，这个品牌历史悠久，一直在世界各地采购新鲜水果直接速冻做成果蓉，最大程度地保留了水果风味，作为甜点材料特别好。虽然草莓、苹果都能买到新鲜的，但超市里卖的质量参差，甜度、水分无法判断。之所以说法式甜点要求严苛，就在于它有很多不成文的规定，比如酒一定要用某种品牌，不如此就不算法式。虽然没人检查，但只要是合格的法式甜点师，就一定会坚持食材。

至于甜点造型方面，其实作为甜点师能改进的不多，

◉法式经典甜点"歌剧院"，一共十一层，巧克力、薄脆糖片、咖啡层层叠加。一块儿好的"歌剧院"的评判标准，就是是否可以看出细致的分层，层次分明方为上品。如今 MOMOKO 的"歌剧院"也经改良，诞生出更符合东方人口味的"抹茶歌剧院"。

比如喷砂、淋面，这些都是传承了几代的工艺。所能改变的无非是用一些新的造型模具。但每个人对食物的感知不同，比如今天我喝了 mojito[1]，觉得很舒服，就会研究能不能制作出这种感觉的甜点：薄荷叶换成薄荷酒，朗姆酒沿用，柠檬换成柠檬汁，载体由冰水换成冻芝士蛋糕？这样试验多次之后，觉得果然不错，就可以开始想装饰和出品了。

所以在法国，厨师和艺术家同等重要，好的食物就是艺术创作，优异的基本功之上，还要不断地尝试与发掘灵感。

食帖▻ 你觉得一家好的甜点店以及一个优质的甜点品牌，应满足哪些要素？

古源芥▻ 特色，一家好的甜点店一定有自己的招牌和特色。比如我们网店的特色是芝士蛋糕，招牌是四季芝士蛋糕，这个蛋糕放在任何一个环境，一眼就能看出是我们的，这点非常重要。其次是持续提供高品质产品和服务。这两点基本同等重要，好产品不算难得，但在高速发展中还保持品质就比较难，整个团队都需要运转良好。至于服务，我们每天都在解决很多问题，希望可以做到更好，保证顾客有足够的满意度。但除此之外，还有一个我们最看重的点：设计。创业早期就有全职平面设计师加入，保证我们可以推出独特的包装，有足够辨识度的设计对任何一个品牌都至关重要。

还有一点也不能忽视，就是用心。可以想象，海鸥食堂、深夜食堂里的食物不见得是特别好吃的，但有一种特别的情感纽带将顾客牢牢拴住。毕竟食物不是科学，所以意大利人才会说，妈妈做的才是世界上最好吃的食物，在这点上，东西方都一样。

食帖▻ 你自己平时爱吃甜点吗？

古源芥▻ 在国内吃得不多，在巴黎就会狂吃，平均每天吃十几个。也会亲手做，早期我们都要参与制作，后期因为建立了更专业的团队，分工明确后，就只是偶尔参与研发，在家仍会自己做一些。

食帖▻ 你心中最好吃的法式甜点是？通常搭配什么来吃？

古源芥▻ 很难说，毕竟我是个爱吃甜点的人。相对来说我爱吃巧克力的甜点，记忆深刻的甜点是 Pierre Hermé 的"拿破仑"和青木定治的抹茶焦糖挞。我品甜点时品得很快，因为比较喜欢，就想快速研究味道，不过这样并不好，会损害甜点的回味。建议慢慢吃，配清淡的红茶最好。咖啡和起泡酒虽解腻，但会干扰口味，品尝细致的甜点时不推荐。fin.

1 毛吉托，最有名的朗姆调酒之一。

专访 ……… ✕ 印佳

“我喜欢马卡龙的难。”

专访手工马卡龙创作者印佳

陈晗 / interview & text
印佳 / photo courtesy

❍“其实在自己做马卡龙之前，我没吃过马卡龙。”印佳说。她第一次吃的马卡龙，就是自己做的。玩烘焙以前，她不常吃甜品，因国内许多甜品含有添加剂，她觉得难以下咽。5 年前，一位伴她多年的友人决定移居国外，两人以后聚少离多。印佳很想亲手给友人做一个蛋糕，便自学起了烘焙。不知是天赋使然，还是因她做任何事都投以足够的专注与细心，烘焙路上也如鱼得水。很快她便将目光聚焦在更高阶的甜品——马卡龙上。印佳喜欢挑战，马卡龙的高失败率，对她来说是莫大的吸引。

❍ 不得不说，印佳对美的追求显而易见。曾经学过美术并从事过平面设计的她，早已有了自己的一套审美体系。这种对美的感受和追求，渗透进她生活里的每一件事。比如她做的马卡龙，就拥有无懈可击的外观。但只是外观精美仍不够，风味与口感也必须是美的，为此她挖空心思，而后悟出——食用色素不美、人造奶油不美、人造香精不美，美的东西，应该是尽可能天然的。她只用食材本身的色彩与风味来创造舌尖上的惊喜，而且为了让这种惊喜达到极致，她尝试了不知多少种杏仁粉、黄油与其他食材，最终确定了现在的国外供货商，虽然价高，还时不时地断货或罢工，但她宁可停工，也不会用其他品牌的食材将就。

❍ 辞掉设计师的工作后，印佳将更多时间投入在烘焙和美食摄影上，当沉迷在马卡龙中越陷越深时，她决定开家网店，将自己觉得好吃的马卡龙，分享给更多的马卡龙爱好者。那是 2012 年，她一个人成立了网店，每天自己制作、自己打理、自己发货，小网店在她的运营下逐渐成了业界名气不小的品牌。3 年过去，她的店仍然只做马卡龙，仍然一个人做。老顾客越来越多，现在平均每天都要制作数百份，做壳、填馅、做壳、填馅……这样的动作每天要进行 11 个小时，白天做好，晚上寄出，确保马卡龙在尽可能新鲜的时候送达顾客的手中。我问她为什么不找个助手，她的回答一如既往的简单：“交给别人我不放心。”

PROFILE

印佳

北京人，曾为平面设计师，2010 年开始玩烘焙，2012 年创立了自己的手工马卡龙品牌。

● 马卡龙裙边大小其实可以控制，和蛋白打发程度、面糊调配都有关系。印佳更喜欢小裙边，所以有时会故意把裙边烤小一点。

● 印佳建议大家收到马卡龙后最好能冷冻 4 小时或一夜，有助于饼壳吸潮，口感更湿润软糯；吃前要先让马卡龙回温。

食帖▻你是从什么时候开始喜欢上做马卡龙的?

印佳▻ 5 年前开始玩烘焙，玩到一定阶段后就喜欢上马卡龙了。马卡龙属于高失败率的甜品，但我喜欢它的难，一心想要把它做好。对我来说做马卡龙能让人越挫越勇，别看它只是那么小的甜品，但要做好它，需要和原料、环境、烤箱进行长期的磨合；如果想让它更好吃，更适合国人的口感，还要在馅料上不断地下功夫，不断地调整，并确定最终的口感。而且除了技术，做马卡龙对环境与原料品质的要求也很高。不同湿度下，用不同批次的杏仁粉，做出的马卡龙都会有差异。所以我做马卡龙的环境一定得是大空间，不能潮也不能干，加湿器、除湿机、空气净化器都备着。这些挑战性，就是最大的魅力。

食帖▻食材上怎么挑选?

印佳▻用进口的食材，不同的牌子要先经过试吃，觉得好就确定用这个牌子来做。比如黄油就试过好多个牌子。

食帖▻你的马卡龙与其他品牌的马卡龙相比，做了哪些变化?

印佳▻最开始我做的是比较传统的马卡龙，当然馅料的甜度已适当降低，并且为了丰富口感，一开始就做成双层馅料。后来我希望能再做一些改变，再加上大家的意见，开始在马卡龙的外壳上下功夫，做得比传统的厚一点，因为这样吃起来就更不会觉得甜。也不是做厚了一定好，也要看外壳组织，它必须绵密，咬下去感觉像在吃蛋糕一样。

食帖▻你判定好的马卡龙的标准是?

印佳▻吸潮后的马卡龙咬下去要湿润、绵密，稍微有点嚼劲。但马卡龙的灵魂还在于馅，壳做好了，馅也要足够好吃，回味悠长才行。

食帖▻ 一个人做了这么久，有没有遇到过挫折或困难?

印佳▻挫折肯定会有。决定马卡龙的关键还是原料，我就碰到过杏仁粉断货或品质不太好的时候，这时只能暂时停工，等下一批品质好的杏仁粉到货，因为我对原材料非常执着和挑剔，不愿意将就。好在隔的时间也不是很久，现在供货商都会提前通知我杏仁粉快断货，让我提前备好货。

食帖▻ 现在只做马卡龙吗? 每天都做?

印佳▻对，我不太喜欢分散精力，所以只做马卡龙，从周一到周六，每天差不多做十到十一个小时，当天做好当晚就发快递寄出。为了保证品质，4 月中旬开始我会针对偏远地区放两个冰包，不过天气越来越热，比如北京的夏天时常达到 35℃左右，温度实在太高，担心路上会影响品质，所以只好暂时停工。虽然也会小小地担心顾客流失，但天气的因素不可抗拒。而且停工时我可以出去学习，我需要给自己一些时间去调整、沉淀，不能一味地原地踏步，停工是为了再回来时能做出更棒的马卡龙。

食帖▻从最初到现在，每次做马卡龙时的心情有没有什么变化?

印佳▻应该是压力比以前大一些，因为现在顾客越来越多，而我希望各方面都能做到完美，让他们每个人都满意。

食帖▻最喜欢自己做的哪种口味的马卡龙?

印佳▻最喜欢抹茶、奶酪、咖啡和巧克力的，会搭配手冲咖啡一起吃。fin.

● 做磅蛋糕，印佳通常喜欢加入蛋白霜，会比一般磅蛋糕松软些，组织也更细腻。不过她建议蛋白霜一定要打到稳定细腻的状态，蛋糕做好后放冰箱冷藏一到两天再吃更好。

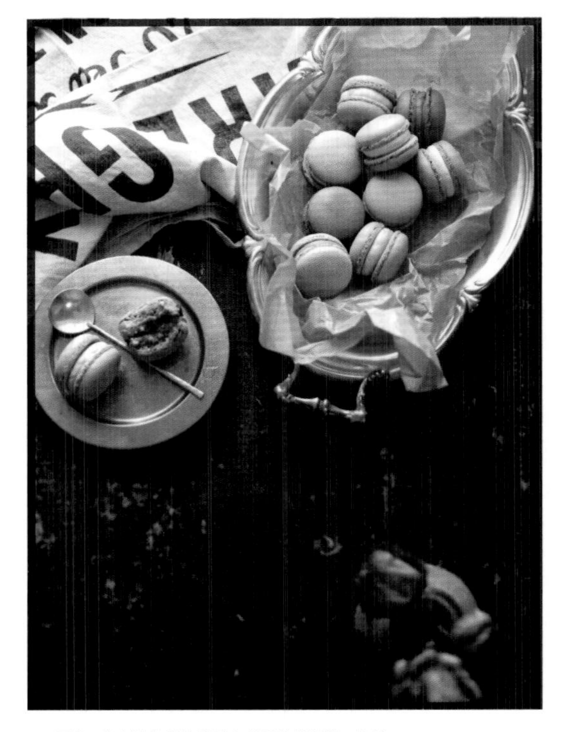

● 一开始，家人以为印佳做马卡龙是做着玩的，结果发现她很认真后，全家人都给予了更大的支持。有时候也会觉得她太辛苦，想让她轻松点。“但只要是自己热爱的事，家人当然都会支持的。”印佳说。

● 印佳做的可可咖啡榛子磅蛋糕。她很享受制作甜点的过程，“因为有很多的可能性”。

Recipe: 印佳教你做甜品——可可咖啡榛子磅蛋糕

食材 ▸▸▸▸ 黄油 /150 克✤蛋白 /3 个✤蛋黄 /3 个（室温状态）✤糖 /50 克（打发黄油用）✤糖 /75 克（打发蛋白用）✤榛子酱 /45 克✤低筋面粉 /100 克✤可可粉 /12 克✤咖啡粉 /8 克✤杏仁粉 /20 克

做法 ▸ ▹ ▸ ▹ ❶咖啡先打成粉，和可可粉、低筋面粉混合过筛 3 次，杏仁粉用粗一点的网过筛 2 次，再将四种粉混合起来用粗网过筛一次；❷黄油充分打发后，分次加糖打至蓬松发白，加入榛子酱打发。再将蛋黄一个个加入打发，分三次拌入粉类（注意不要出筋）；❸打蛋白时烤箱开始 160℃预热；❹蛋白分三次加入糖打发，打发好后分 2 次拌入面糊中，蛋白霜拌入时，先稍微切拌一下，再用海绵蛋糕的捞底法[1]。注意不要过度搅拌，以免蛋白霜消泡，令烤好的蛋糕不松软；❺将面糊挤入磅蛋糕模具中，大概八分满；160℃开热风烤 30~35 分钟。

1 手指张开，从底部往上捞起，同时转动容器，使蛋白霜与面糊轻柔混合。

专访 ········· ×易筱

去胡同里，品尝时令茶点

专访时令茶点创意人易筱

Dora / interview

Dora，易筱 / photo courtesy

XY / text

✳易来自湖南，曾就职于广告公司，热爱美食的她为了缓解工作压力，会在业余时间做一些烘焙，烘焙过程给她带来的创作感受，可以冲淡一切烦恼。经过最初简单的尝试，到后来复杂的实验，成功渐渐多过失败。她开始将自己的烘焙成果与朋友们分享，朋友的肯定给她带来的快乐，是工作中从来没有过的体验。

PROFILE

易筱
美食爱好者，手工爱好者。

雪耳百合团子。易筱说："好的银耳，煮出来会比较脆。"

● 茉莉青茶酪。易筱非常喜欢茉莉花，这款茶点是以茉莉花和古法茉莉花茶作为食材。

❍ 易开始渴望专心进修烘焙，于是她辞了职，怀着对未来的忐忑离开了公司，踏上了进阶学习之路。有了更充裕的时间进行创作后，她认识到，一道好的点心不仅要好吃，更应像古人所追求的那样，提升到色、香、味、形、器的全方位展现。

❍ 与一位茶老师的相识，为她打开了中国传统文化的大门。易开始搜罗历代食谱，学习中国千百年来的传统茶道和茶点文化。传统茶道的魅力，让她意识到自己可以做点什么，而作为佐茶小食的茶点，已经为她找到了答案——时令茶点。

❍ 易根据传统的二十四节气风俗，尝试一些中国独有的食材，结合传统茶道，进行创意搭配，逐步开始了她的时令茶点研发之路。她希望通过精心烹调，令人们从一道精巧的佐茶点心里，品出中国传统文化的独特魅力。

❍ 于是便有了她的第一道时令茶点——茉莉青茶酪。

食帖 ▻ 烘焙是自学的吗？

易筱 ▻ 基本上是的。最开始的时候会参考烘焙书籍和观看一些教程，那时完全不懂怎么做，甚至不知道一个蛋糕是怎么做出来的。

食帖 ▻ 从一开始就知道自己想做什么样的点心吗？

易筱 ▻ 当时并不确定自己想要什么样子的，只想做与众不同的。

食帖 ▻ 以前爱吃什么样的点心？

易筱 ▻ 法式和日式。因为国外的点心制作非常发达，无论外观还是口味都非常诱人，所以最初是完全模仿国外的点心，到后来才逐渐找到了属于自己的路。现在了解中国传统的茶点文化后，被众多可发掘利用的食材所吸引，从花、干果、水果这些天然食材，到茶叶、中草药、民间小食等丰富的地道土产，将这么多的素材进行搭配组合，是很有意思的事情。

● 山枣糕，源自湖南的一种传统点心。

食帖 ▻ 除了自己做的，还喜欢哪些中式点心？

易筱 ▻ 最喜欢的是奶奶做的家常点心，所选食材都来自自家农地。小时候，看到红薯、酸枣、辣椒、南瓜、刀豆、小米等最普通的食材，经过奶奶的手变成了一道道美食，那是家乡的味道。我也很喜欢豌豆黄，好的点心能吃到食材本身的味道。

食帖 ▻ 你做点心时怎么挑选食材？

易筱 ▻ 基本上是反复地尝试。时间久了就发现同样的食材也会有不同的性格，尝试之后才会找到最合适的。像"乌麻豆腐团子"，选择黑芝麻的时候有野生、有机和人工培育的差别，所以用哪种、怎么用、用在哪儿也都会有差异。豆腐我会选择手工豆腐，每次都买回来一大块，而在点心上的用量不会很大，所以现在家里几乎每天都要吃豆腐，油炸过的豆腐搭配从家乡带来的剁椒，鲜嫩辣爽。

食帖 ▻ 做点心时最先考虑什么？

易筱 ▻ 味道，比如米酒，想做枸杞米酒糕那款点心，是因为我很爱米酒的味道。

● 乌麻豆腐团子。黑芝麻和豆腐做的慕斯半球中间，夹着一层酥脆的坚果碎。

●枸杞米酒糕。未来易筱希望用自己酿的米酒。

食帖 ▻ 在研发新品时，经常参考他人的意见吗？

易筱 ▻ 有时候会参考我先生的意见。他非常注重食物的味道，一定要有惊喜，所以“不一样”成了我的标准。

食帖 ▻ 你做的点心造型都很别致。

易筱 ▻ 其实很简单，就是希望简练一点，干净、清爽，更突出点心本身。

食帖 ▻ 对于佐茶点心，你如何挑选合适的茶？

易筱 ▻ 首先确保茶的品质，好的茶喝了身体会很舒服，而喝完身体感觉不舒服的茶，或是茶青本身的问题，或是制茶工艺不当。所以对于茶，我会以自己的身体反应作为评判标准。茶点与茶之间的关系，只要不抢茶味，又保证点心本身独立的味道，我觉得就可以了。不同的茶搭配不同的点心，味觉上会感受到很多变化。

食帖 ▻ 最大的收获是什么？

易筱 ▻ 从简单的烘焙到后来做时令茶点，认识了很多志同道合的朋友，虽然各自领域不同，但都同样热爱传统文化，也在努力复兴和传播。我们会互相鼓励和支持，在我看来这是最珍贵的。

●搭配茶点的道具和食器。

● 甜点师介绍了杯子蛋糕的正确吃法：先撕开蛋糕底部的纸，从侧面咬，这样能一口吃到奶油、蛋糕和蛋糕里的夹心。

专访 ……… × Pierre Yves

杯子蛋糕如何法式进化？

张奕超 / interview & text

Dora, Satsuki / photo courtesy

✶《欲望都市》中，Carrie 和 Miranda 在纽约甜点店 Magnolia Bakery 门口吃杯子蛋糕（Cupcake）一幕已成经典，而后来者《破产姐妹》的 Max 和 Caroline 则更进一步，把开杯子蛋糕店当作人生追求。可以说正是这两部美剧的热播，才让许多人心中的纽约女孩与杯子蛋糕画上了等号，也让杯子蛋糕红遍全球。

PROFILE

Pierre Yves（皮埃尔·伊夫）

31 岁，德国出生，法国成长，毕业于法国甜点学校 Ferrandi，2009 年获法国最佳手工业者奖（MOF），曾在巴黎和纽约的多家米其林餐厅工作，现任 Berko 主厨，也是一位涂鸦艺术家。

● Berko 甜点师正在制作 0 度蓝莓杯子蛋糕。其奶油层由美国酸奶芝士和意大利淡奶油等多种奶油、芝士和黄油调配而成。

● 蛋糕托已制作完成，制作奶油层，需将普罗旺斯蓝莓果酱、蓝莓滴露与奶油混合，混合均匀后的蓝莓奶油呈深紫色。

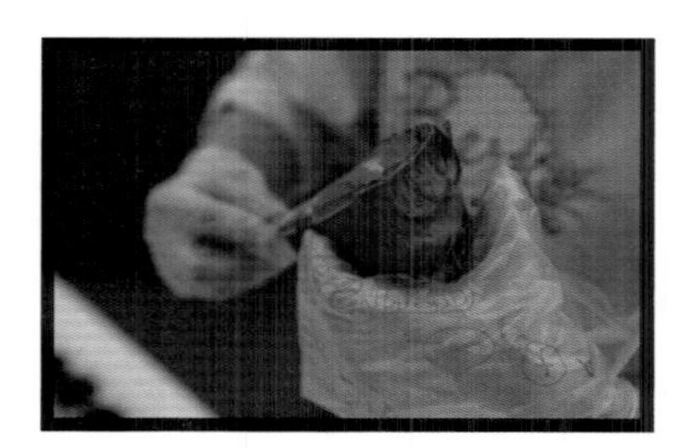

● 将蓝莓奶油装入裱花袋中。

● 以螺旋状挤在蛋糕托上。

❍ “Cupcake” 一词，最早的文字记载的确出现在美国。1796 年，Amelia Simmons（阿米莉娅 · 西蒙斯）在《American Cookery》一书中提到“一种在小杯里烤制的蛋糕”。真正出现“Cupcake”这个词则要到 1828 年，由同为美国人的 Eliza Leslie（伊莉莎 · 莱斯利）在自己的食谱书中提出。

❍ 19 世纪早期，“杯子蛋糕”有两种含义。一种与如今理解类似，即小蛋糕以陶制杯等杯状模具烤成，便也因这些容器而得名。另一种含义则因杯子蛋糕的配料由量杯测量而得名，由于“杯子蛋糕”包含 1 杯黄油、2 杯糖、3 杯面粉和 4 个鸡蛋，因此也被称为“1234 蛋糕”。和用重量单位“磅”命名的磅蛋糕相比，杯子蛋糕以容积单位命名。此外，杯子蛋糕成分中黄油和鸡蛋相对来说比例更小，口感更轻盈。

❍ 除了美国，杯子蛋糕在欧美其他国家也很常见。有趣的是，虽然维基百科介绍杯子蛋糕在英国也被称为仙女蛋糕（Fairy Cake），好几个英国烘焙网站上，却有不少骄傲的英国人对二者画等号深表不忿。在他们看来，传统的英式仙女蛋糕是孩子们生日派对上的必备美味，比美式杯子蛋糕多了不少优势：仙女蛋糕小得仿佛是为仙女做的，比杯子蛋糕小多了，自然更健康；仙女蛋糕的蛋糕托是由鸡蛋、面粉、糖和黄油做成的标准海绵蛋糕，而不是像杯子蛋糕一样，什么都能往里放；仙女蛋糕上，用少量原料为蛋清、糖粉和水的皇室糖霜（Royal Icing）装饰，杯子蛋糕上却挤满了卡路里超标的奶油糖霜。

❍ 虽然“保守派”振臂高呼，英国人倒也没有发起什么“抵制杯子蛋糕”活动，各家店照旧挂出“杯子蛋糕”的牌子，装饰上翻糖、奶油糖霜等各色食材均有，这或许便是“美味不分国界”吧。

❍ 另一方面，法国人偏爱甜点是世界闻名，尽管已有本国人引以为傲的拿破仑、欧培拉、马卡龙和闪电泡芙等甜点，把“非传统甜点”杯子蛋糕引进本国也是自然。其中，有一个家族甜点品牌 Berko 独辟蹊径，跳过传统法式甜点，将杯子蛋糕作为自家特色。

❍ 比起法国其他家族品牌，Berko 历史很短。Berko 先生原本在法国一家米其林餐厅做甜点师，1982 年辞去工作，开设了甜点工坊 Master Berko，最初仅为几家米其林餐厅供应甜点。2008 年，Berko 先生在巴黎开设了真正面向大众的第一家门店 Berko。

❍ Berko 于 2013 年进入中国，至今只开了两家分店。笔者到北京一家门店拜访才得知，Berko 仍是家族经营模式，69 岁的 Berko 先生还未退休，每天依旧巡视巴黎店面，到工坊里参与新品研发。他不希望 Berko 因发展太快而忽视品质，坚持每款甜点的配方需经两年半的研发，才能呈现给客人。中国区门店由 Berko 先生的孙女负责管理。

❍ 或许是为了帮助热爱甜点的法国女士保持苗条，Berko 的杯子蛋糕十分迷你，每个只有约 70 克重。食材上也是低脂低糖，每款蛋糕上的奶油均根据各款口味，用多种奶油、芝士和黄油调配而成，有几款含有一种意大利淡奶油，脂肪含量仅占一般奶油的 0.5% 左右。为适应中国人口味，蛋糕配方整体减了 60% 糖分，吃起来不会过分甜腻，还能品味到丰富层次。

❍ Berko 现有 50 多种杯子蛋糕和 40 多种芝士蛋糕，食材取自世界各地，往往数量稀少，只能根据收到的原材料来决定产品的数量及品类。比如用来制作贝诺菲（Banoffee）蛋糕的布列塔尼咸焦糖，年产 100 桶，Berko 每年可以分到 10 桶，用完就没有了。至于蛋糕的丰富颜色，则来自果酱、鲜花滴露等天然食材，不使用色素。

❍ 这次采访去的门店以蓝白为主色调，几面大落地玻璃窗凸显通透感。细细打量，发现天花板上除了华丽的水晶吊灯，还遍布会随时间变换颜色的呼吸灯。室内金色靠背椅与白金相间的地板搭配，室外露天区则用了透明的黑白两色椅子。Berko 其实希望成为一个介绍法式生活方式的平台，因此不只是产品，在装修上也费尽心思，选用了许多欧洲优秀的家具品牌，如椅子出自意大利的 Kartell，水晶吊灯和呼吸灯均出自法国水晶家具品牌 Baccarat。

❍ 坐在落地窗边慢慢享受一次下午茶，方不负店内各处细节之精心。无奈仅是茶叶便让人要犯选择恐惧症——有一整面墙用来展示茶叶。搭配甜点的法式调香茶其实已可担当主角，因为 Berko 用的是 Mariage Frères 茶庄的茶叶。与 Berko 搜罗全球优质食材一样，Mariage Frères 茶庄也以搜罗全球最优质的茶叶而闻名。下午茶还配有一套倒计时沙漏，“light”、“medium”、“strong”分别对应 3、4、5 分钟，一般绿茶用 3 分钟，红茶则是 4 分钟，以便达到最佳口感。下午茶的餐具也不容小觑，镶嵌 Pt 铂金的一套银白色茶具，来自法国百年瓷器品牌 Bernardaud；而另一套看起来更活泼有趣，以穿红高跟鞋的美腿为标识的茶具，则出自英国伦敦的手工餐具品牌 Undergrowth Design。

❍ Berko 门口有几个玻璃罩子，里面放着翻糖蛋糕模型。翻糖蛋糕？无非是厚重甜腻，徒有其表吧？店员却颇自豪地介绍道，这些定制翻糖蛋糕由法国大厨 Lorcet Pierre 亲手打造。外壳用的是白巧克力，厚度很薄，内层有蛋糕和三层芝士夹心，不会很甜。与大厨聊天后才知道，他与 Berko 先生一样，也是一位在米其林餐厅工作过的甜点师。只有 30 岁出头，却获得过包括 MOF 在内的无数荣誉，为人随和开朗，聊到最后还不忘补一句：“我喜欢吃中国的杨枝甘露。”

● Berko 的设计均来自一位法国爱马仕团队的设计师，从整体风格定调、家具和内饰选用，到工作人员制服设计，以及产品包装，均由这位设计师完成。

● 马可波罗红茶是 Mariage Frères 最具代表性的经典红茶，基底红茶源于南非，搭配采自中国西藏的水果鲜花，口味既具浆果和香草清香，也有一丝甘甜。因保留整片茶叶，冲茶时要用茶漏将茶叶滤出。

● Berko 的贝诺菲和红丝绒（Red Velvet）。贝诺菲是一种由香蕉、奶油、太妃糖酱所制成的甜点。在 1972 年，由英国一家小餐馆基于美国餐点 Blum's Coffee Toffee Pie 而发明。Berko 先生将其进一步改良，以黄油饼干打底，主体为采用 22 种不同奶油和芝士的特调芝士，中间是新鲜香蕉夹心，蛋糕上用布列塔尼咸焦糖替代太妃糖酱，获得米其林二星。

红丝绒蛋糕的鲜艳颜色来自虞美人花滴露，三层红丝绒蛋糕夹两层特调芝士，蛋糕上用法芙娜白巧克力装饰。

这套银白色餐具来自法国瓷器品牌 Bernardaud，其产地利摩日（Limoges）地位有如中国景德镇，被称为法国陶瓷之都。

● 三层下午茶的茶点包括上层的薄荷马卡龙、百香果马卡龙、草莓水果挞、蓝莓水果挞；中层的奥利奥迷你芝士蛋糕、拿破仑、三层慕斯巧克力、抹茶泡芙；底层的三明治、香草泡芙、抹茶迷你芝士蛋糕。咸味三明治起中和甜点口味的作用，内含法国进口火腿和总统牌芝士。

食帖▻ 可否简单介绍一下自己？

Pierre Yves（以下简称“*Pierre*”）▻我既是涂鸦艺术家，也是甜点师。我出生在德国，14 岁回到巴黎，因此既有德国人的严谨，也有法国人的浪漫。有些人觉得我对作品很“纠结”，但我觉得这样才能让作品零瑕疵，且不失浪漫。我爸爸是一位法国将军，妈妈是法国政府的议员，所以我在严格的军事政治家教下长大，不过因为喜欢画画，坚持画了 15 年，最后成为一位涂鸦艺术家。另外，我从小喜欢吃甜点，但发现找不到符合心意的甜点，所以去 Ferrandi 学习了四年，成了一名甜点师。

食帖▻你毕业于世界最佳甜点学校之一的 Ferrandi，在那里最大的收获是？

Pierre ▻ 我在 Ferrandi 获得 3 个文凭：高级面包师、甜点师，以及蛋糕设计师。在学校的前两年时间，除了在校学习，还在法国的米其林餐厅担任助理甜点主厨，这样实践与学习结合，能第一时间将自己的甜点创意呈现给食客。有时为了给客人一份完美的甜点，我经常日夜颠倒地工作。通常一道好的甜点，从设计创意到食材搭配，到最终呈现在客人的餐桌上，至少需要 3 个月。

我想，在 Ferrandi 学习的最大收获，是我形成了对甜点的认识：口感永远是第一位的，第二是层次感，其次才是视觉效果，但客人第一接触的是视觉，所以甜点真正的味道要与视觉融合，不能有落差。到最后，最真实最难忘的只有味觉，而不是一味地吸引眼球。

食帖▻ 为什么会到 Berko 工作？

Pierre ▻ 我喜欢不同食材的碰撞。食材对于我而言不单是食材，更像一个有性格的“人”。制作甜点的过程，就是与不同的食材相遇、相识、相知，并将它们运用在不同甜点中的过程。我还记得去甜点店上班的第一天，第一次正式与甜点相遇，让我有一种既幸福又梦幻的感觉。

每次 MOF 比赛第一名的蛋糕永远是全部几十个评委一致公认的，这也是甜点最有意思的地方。真正好的甜点不分地域性，就像大家对音乐、绘画、建筑等艺术形式的感受一样，全世界都很容易达成共识。我来到 Berko 是因为它的甜点就是这样的。Berko 会告诉你，什么是好的味道标准，使你能够感觉到主体食材的灵魂，同时又能通过多种味道与口感，比如脆、软、绵、甜、酸等，感受到质感和层次，小小的蛋糕能包容非常丰富的世界。

食帖▻ 听说你非常擅长并喜欢制作翻糖蛋糕？

Pierre ▻ 对我来说，甜点创作本身就是艺术，而且是艺术的升华，是艺术成就了甜点。翻糖蛋糕能让我充分发挥自己的想象，将艺术与甜点结合。生活中的细节、客人的故事、最近的绘画作品，都会成为我创作蛋糕的灵感。只要我没失去味觉和创意，我就想保持现在的状态，一直做下去。每当一天的工作结束后，浑身上下都充满了奶味和甜味，带着这样的味道回家，很幸福。

食帖▻ 你喜欢创作什么风格的作品？

Pierre ▻ 我的风格就是自由、浪漫，就像巴黎。我喜欢运用不同的颜色，会利用生活中一切物件创作，因为艺术来源于生活。比如最近筹备的展览就是一些作品的积累，会有用涂鸦喷漆做的花束，和一些随意的画。fin.

6个杯子蛋糕的内心独白

● Berko 非常受欢迎的 6 款杯子蛋糕，从左至右分别是酸奶奥利奥（Oreo）、抹茶（Mocha）、德国黑松露（Nutella）、慕斯牛奶巧克力（Mousse de Lait）、0 度树莓（Framboise）、0 度蓝莓（Myrtille）。

✤上层

阿尔卑斯酸奶、美国酸奶芝士、法国砂糖、奥利奥饼干

✤蛋糕托

多米尼加黑巧克力、比利时白巧克力、阿尔卑斯牛奶、奥利奥碎、面粉、鸡蛋、牛奶、黄油

口感 ▸▸▸▸ 这款杯子蛋糕的主角是奥利奥，奶油层的酸奶、芝士和奶油中和了甜度，奥利奥碎更丰富了口感。

✤上层

澳洲芝士、日本宇治抹茶、法芙娜巧克力、德国榛子、草莓

✤蛋糕托

香草、法国淡奶油、面粉、鸡蛋、牛奶、黄油

口感 ▸▸▸▸ 一整颗新鲜的大草莓下是日本宇治抹茶奶油层，底托含大溪地香草，口感清新不腻。

✤上层

英国鲜奶油、意大利淡奶油、德国冰巧克力碎、比利时巧克力豆

✤蛋糕托

香草、法国淡奶油、比利时黑巧克力、面粉、鸡蛋、牛奶、黄油

口感 ▸▸▸▸ 脆薄巧克力外壳上点缀比利时巧克力豆，奶香与可可香带来绵密口感，层次丰富。

我是德国黑松露杯子蛋糕！

✤上层

Berko 特调奶油、德国榛子酱、德国黑松露巧克力酱、比利时黑巧克力

✤蛋糕托

德国黑松露巧克力、香蕉、面粉、鸡蛋、牛奶、黄油

口感 ▸▸▸▸ 奶油层以奶油芝士为基底，配以手工酸奶和淡奶油，蛋糕托的松露巧克力风味浓郁，香蕉夹心绵软。

✤上层

美国酸奶芝士、意大利低脂淡奶油、法国低脂手工砂糖、普罗旺斯树莓滴露、法国手工树莓果酱、香草、树莓

✤蛋糕托

香草、法国淡奶油、树莓果酱、面粉、鸡蛋、牛奶、黄油

口感 ▸▸▸▸ 因奶油层中含意大利低脂淡奶油，奶油层的脂肪含量仅为普通奶油的 0.5% 左右。蛋糕托与奶油层均含普罗旺斯手工树莓果酱。

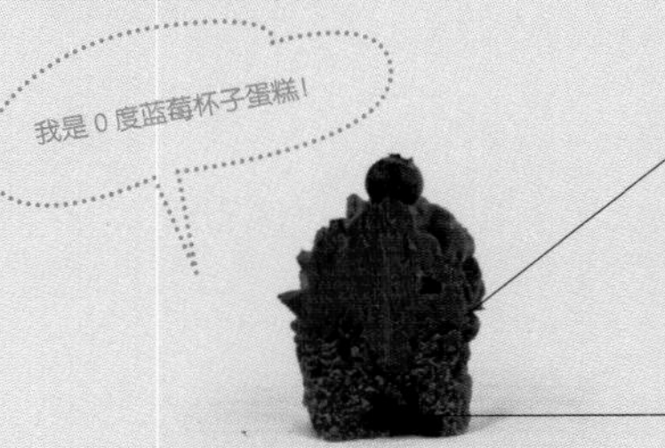

✤上层

美国酸奶芝士、意大利低脂淡奶油、法国低脂手工砂糖、普罗旺斯蓝莓果酱、普罗旺斯蓝莓滴露、香草、智利蓝莓

✤蛋糕托

智利蓝莓、普罗旺斯蓝莓果酱、阿尔卑斯牛奶、面粉、鸡蛋、牛奶、黄油

口感 ▸▸▸▸ 因奶油层中含意大利低脂淡奶油，奶油层的脂肪含量仅为普通奶油的 0.5% 左右。香草蛋糕底托内含普罗旺斯手工蓝莓果酱与新鲜蓝莓，经 25 ～ 30 分钟高温烘焙，仍保留浓郁蓝莓果香。

● 戛纳电影节期间，Cupcake & Macaron 获邀承办部分宴会的蛋糕，迎宾“侍者”亲自去现场递送蛋糕。

专访 ……… × Christel Wai Choo

4 平方米见方的杯子蛋糕梦

专访欧洲最小甜点店创始人 Christel Wai Choo

Windy YE / text

Windy YE，Cupcake & Macaron / photo courtesy

PROFILE

Christel Wai Choo （克里斯特尔·韦·周）
法国巴黎杯子蛋糕店 Cupcake & Macaron 创始人。

✴当你走过巴黎左岸的圣日耳曼大街，也许会突然听见一声热情的召唤：“今天天气真不错，不如来块儿蛋糕吧。这里是巴黎最小的甜点店，但有最好吃的杯子蛋糕。”✴寻声望去，只见一个身着红色制服、头戴黑帽的“侍者”，正站在一扇巴洛克风格的门前，笑盈盈地望着你。他身后的那扇门里，不是酒店，而是巴黎乃至全欧洲最小的甜点店——一个柜台，一盘杯子蛋糕，4 平方米，仅此而已——空间狭小到一次只能进入两到三名顾客。

❍ 6 年前，毛里求斯姑娘 Christel 独自来到巴黎闯荡。热爱文学创作的她，喜欢观察生活的细微之处，并从中源源不断地获取灵感，这已经成为她的一种习惯。

❍ 作为资深吃货和烘焙爱好者，Christel 对漂亮的甜点从来没有抵抗力。但她遗憾地发现，风靡全球的杯子蛋糕，对她和身边那些习惯法式饮食的朋友来说，总是显得过于油腻。“一口咬下去，全是黄油的味道，顶部的奶油，也加了太多的糖霜。”她说，“对于严格控制身材，喜欢精致小甜点的法国人来说，这种杯子蛋糕总是不太合口味。”

❍ 于是，创造法式杯子蛋糕的想法，便涌上了 Christel 的心头。她根据平日烘焙的经验，调制了不加黄油、少糖霜的蛋糕配方，并改良了几个法国常见甜点的风味，例如：将草莓加覆盆子、杏仁奶油、栗子咖啡等，作为杯子蛋糕的顶部装饰。

❍ 一开始，她在巴黎右岸盘下一间传统规模的甜点店，销售特制杯子蛋糕和马卡龙，一周 7 天，朝九晚七地工作。渐渐地，她发现，特制杯子蛋糕比马卡龙更受欢迎，而在巴黎，马卡龙的竞争太激烈，这也令她的店铺难以脱颖而出。与此同时，她在著名的巴黎左岸发现了这块弹丸之地，灵光一闪，她当即租下新店，退租旧店，并砍掉马卡龙产品线，于是便有了如今这家虽然仍叫 Cupcake & Macaron 但只卖杯子蛋糕的，欧洲最小的甜点店。

❍ 飘着雨的周日下午，天气阴冷，可在侍者的招揽下，依然每隔几分钟，就有一到两波客人进来一探究竟。因为一次进店的人数有限，门口还会时不时地排起长队。

❍ 轻轻咬下一口杯子蛋糕，微甜的奶油混着鲜果，入口即化。而当吃到蛋糕托，松软喷香，毫无油腻之感，一些口味的蛋糕托中，还混杂着黑巧克力碎、饼干碎、杏仁片等。少糖、少油、低脂，分量小而精美，果真如同 Christel 所言，就算一次性把 12 种口味吃完，也不会觉得油腻、有负担。而能够这样“轻盈”的杯子蛋糕，在巴黎，仅此一家。

● 去 Cupcake & Macaron 时，店内正在销售的杯子蛋糕。一个柜台，一盘杯子蛋糕，仅此而已，却吸引着络绎不绝的客人。

❍ 许多进店的客人，只要尝过一次这里的杯子蛋糕，十之八九会成为常客。开店仅仅两年，Cupcake & Macaron 已经频频出现在法、日、英等国家的媒体上，并成为 Chanel、Ralph Lauren 等奢侈品牌公司的聚会、时尚派对指定的杯子蛋糕供应商，碧昂丝、莱昂纳多来巴黎办私人派对，也会点名要求这家的蛋糕。

❍ 不过，甜点店生意虽然顺风顺水，Christel 的创造却不曾停歇。最近，她正在打造自己的服装品牌，如今已万事俱备，只欠选个好日子，便在伦敦开门迎客了。

食帖▻"最小甜点店"的想法是怎么来的?

Christel Wai Choo(以下简称"*Christel*")▻我非常喜欢阅读和旅游,记得有一次在日本旅行时,从某本杂志上看到了"微甜点店"这个概念,就被吸引了。后来,偶然间见到这间店铺,唤起了这个想法,当机立断,就把旧店关闭,搬到了这里。

食帖▻可是店铺太小了,不担心客人经过时会忽略吗?

Christel ▻是有这个顾虑,所以我们把店铺布置得像巴洛克酒店的入口,铺上红地毯,并请来一个员工充当迎宾"侍者"的角色。这样一来,侍者就显得很重要了,他需要热情、大方,能逗客人笑,好在我很幸运地找到了两个人,一男一女,轮流当班。

食帖▻店铺名字里,为什么还有 Macaron(马卡龙)?

Christel ▻一开始,店里是同时卖杯子蛋糕和马卡龙的,Cupcake & Macaron 这个名字,也是那时候起的。后来,马卡龙的市场竞争太激烈,我就想专注做好杯子蛋糕,或许反而更能让我们脱颖而出,于是不再生产马卡龙。保留这个名字,一来,是对过去的纪念;二来,马卡龙是法式甜点的象征,借此突出我们是法式甜点店,区分于那些美式或英式杯子蛋糕店;三来,接下来,我打算研究"头顶"迷你马卡龙的杯子蛋糕,刚好契合了店名。

食帖▻只卖一种甜点,而且只在周四到周日下午开业,是否有风险?

Christel ▻因为专注,所以专业,这样也可以节约成本,让我能够花更多的资金去研究新的配方。其实周一到周三我们也在工作,只不过仅仅处理对公订单。不过,因为产品专门化,店铺营业时间短,反而能营造一种奢侈品"Exclusive"(绝无仅有)的氛围。不过,我也是那种只要有想法就去执行的人,当初在制定这个经营策略的时候,倒是没有考虑过风险和失败,属于勇往直前。

食帖▻如今店铺非常成功,你觉得是杯子蛋糕做得好,还是"最小甜点店"这个概念吸引人?

Christel ▻二者结合的原因。新颖的店铺,能一下抓住客人的眼球,而产品好,才能长久地留住客人。当然,整个店面从产品到装饰、到服务,我都力求达到特别,比如我们是巴黎唯一一家有侍者的甜点店,许多游客从门外望进来的时候,都会忍不住赞叹:"哇,这里太可爱了!"这便是我最自豪的时刻。而许多客人第一次来,我们都尽量与他们保持良好的互动,介绍杯子蛋糕的风味,了解他们的喜好等,于是就有了更多的回头客,我也与他们成了朋友。

食帖▻从开张到现在,是否遇到过经营困难的时期?

Christel ▻还真没经历过,自从搬到这个 4 平方米的小店铺,几乎是一帆风顺。我想,还是整体的创意好,所以一切都很顺利。

食帖▻现在销售的蛋糕是你亲自动手做的吗?你是否去过专业的学校接受培训?

Christel ▻目前我雇佣了两个专业糕点师,根据我的配方制作,不过我偶尔也会亲自做一些,我做精,他们做量。我没有接受过专业培训,美味全凭自己多年来吃遍天下的积累(笑)。

● Cupcake & Macaron 的杯子蛋糕,目前有柠檬、牛奶巧克力、草莓、榛子、杏仁等 12 种口味,极具法国特色。

● 周末的下午，一杯咖啡，一份精致而不油腻的杯子蛋糕，就是最好的享受。

● Cupcake & Macaron
地址：1 Rue du Four, 75006 Paris
TEL：+33 172346402
WEB: www.cupcakemacaron.com

食帖▻现在的生意算是顺风顺水，但有没有一些时刻让你不喜欢现在的工作？

Christel ▻有，比如员工管理方面，有时候我不得不摆出一张臭脸，不然他们不会听我的。这是违背我本身性格的事情，可我又不得不去做。

食帖▻一个小岛姑娘只身闯荡巴黎，一定遇到了不少困难，是什么给了你不断奋进的力量？

Christel ▻其实差不多是在我开始上学的时候，就随家人从毛里求斯搬到南法的小镇生活了。到了二十多岁，觉得小镇生活太过平静，于是选择来巴黎。难的时候肯定有，但我从高中开始，就四处打工，端过盘子、卖过房子、摆过地摊……经历的多，也就特别独立坚强，我也在这样的过程中，不断地观察生活、总结规律。所以来到巴黎这样的大都市，我看到的更多的是激情、机会、创造，而没有太去想生活的压力。

我是一个拥有源源不断的创造力的人，一旦有了灵感，心中便像是有了一团火，让我充满能量地去完成它，并且无所畏惧。不去试怎么知道不行？这也是我不断奋进的力量，不断地观察生活，寻找灵感，实现一个又一个梦想。

食帖▻开 Cupcake & Macaron 算是实现了一个梦想，接下来你的服装品牌算是第二个，还有没有其他梦想待实现？有没有什么感悟想与我们分享？

Christel ▻开店之前，我写了很多剧本，可惜现在完全没时间再写文章了。之后要是闲一些，我想写一本小说，讲述一个小岛姑娘，怎么一步一步在大城市里奋斗的故事。如果说感悟，总结起来就是：勇敢向前走，不断往外走，沿途细心观察。向前走，才能看到希望、转机和曙光，沉迷于过去是完全没有意义的。一旦找到机会，就要勇敢尝试，千万别怕，风险无论如何都有，但是去试了，起码有机会成功，不去做，连机会都没有。不断旅行、阅读，同时留心观察，才能找到灵感的源泉。所有的经历，回过头看，都会成为最宝贵的财富。一点一滴，都在奠定着你的现在。fin.

专访 ········· × Lars Juul

童话般的北欧，怎能少了甜？

专访 Conditori La Glace 首席甜品师 Lars Juul

金梦 / interview & text
陈晗 / edit
Conditori La Glace / photo courtesy

✳为了心爱的王子不惜化身泡沫的小美人鱼、脱胎换骨蜕变成美丽白天鹅的丑小鸭，以及在幸福幻觉中升入天堂的卖火柴的小女孩……在很多人的心里，“童话”似乎已经成了丹麦的标签。也正是因为这个“标签”，才给这带着冷冽气质的北欧国度，染上了一抹柔和的色彩。童话国度的人们当然是要吃甜品的，而哥本哈根最古老的甜品房，就是这家 Conditori La Glace。从 1870 年 10 月 8 日开业至今，甜品房已经历六代更替。一百多年的光阴飞逝，世界似乎都换了个花样，这家店却在很多方面始终如一，比如传承着特别记忆的经典糕点制法，和历代甜品师们制作甜品的初衷。甜品师 Lars Juul 的出现，更是给近 20 年的 Conditori La Glace 带来了诸多改变，比如他亲自开设烘焙课程，跟每一位喜爱 Conditori La Glace 的顾客零距离接触；并在 15 年前将马卡龙引入 Conditori La Glace——这种风靡法国的杏仁蛋白小圆饼，之所以能在丹麦流行开来，Lars Juul 功不可没。

PROFILE

Lars Juul（拉尔斯·尤尔）
Conditori La Glace 首席甜品师，1996 年开始在 Conditori La Glace 工作。

● Conditori La Glace 会为特殊节日或场合提供蛋糕定制，顾客可以从数十种千层蛋糕中挑选一种，作为基底蛋糕，然后 Conditori La Glace 富有想象力的甜品师们，会根据这款蛋糕将要出现的场合，来设计不同的造型与搭配。尤其是那些使用了杏仁膏、金万利酒和橙味松露球等元素的千层蛋糕，格外适合作为定制蛋糕的基底。

食帖 ▻ 为什么想要成为一名甜品师？最开始是怎样成为甜品师的？

Lars Juul（以下简称“Lars”）▻ 做饭或烘焙，大概是我一生中最感兴趣的事。一直以来我的目标就是成为一个大厨或者甜品师。早期的时候，我从一名普通烘焙师开始做起，那时每天都在不断地磨炼自己的技艺，让自己变得更好，到如今，我已经是一名能够独当一面的甜品师了。

食帖 ▻ 烘焙中你最喜欢的部分是什么？

Lars ▻ 我觉得你如果想在任何一个行业中成为一名佼佼者，热爱你工作中的每一个细节是必需的。不可否认的是，除了制作甜品，我也有其他爱好，但在工作时我确实是投入了全部的热情与真心。因为如果不这样做，你很快就会丧失兴趣，也就不会持续做出精致美味的甜品。但相对来说，做甜品这件事里我最喜欢的部分是新的挑战，比如研发新甜品等。

食帖 ▻ 是什么吸引你来到 Conditori La Glace，并且愿意一直留在这里？

Lars ▻ 很简单，Conditori La Glace 是丹麦最好的甜品房，有着高质量的产品、精细的工艺、舒适的工作环境。对于丹麦的任何一个甜品师来说，这儿都像是一座圣殿。当你有机会在这里工作的时候，你怎么可能想要离开呢？我们店里有位非常有经验的老师傅，从他还是个小伙子的时候就在这里工作，到今年已经 52 年了，可见 Conditori La Glace 是个充满魅力的地方。而且也因人事变动少，我们的糕点质量才能保持稳定。

● 丹麦传统甜品杏仁膏蛋糕圈（Marzipan Ring Cake），采用最好的杏仁制作而成。这款甜品，在丹麦以外的国家很难尝到，所以如果去了丹麦，不妨买几个回来作为伴手礼。

● 干净明亮的后厨，每位甜品师的脸上都刻着“认真”二字。他们专注于手中所做的每一件事，也正因如此，才可以让每一个顾客在品尝糕点时，感受到真诚与热忱。

● 被誉为“少女的酥胸”的法式马卡龙，是在 Lars Juul 引荐之下，才被越来越多的丹麦人所喜爱。那些代表着少女梦的烂漫色彩，与丹麦这个国度的童话气质相得益彰。

食帖 ▻ 丹麦甜品会借鉴其他欧洲国家的甜品风格吗？

Lars ▻ 丹麦是一个非常小的国家，在这样一个环境中，我们必须不断拓展自己的视野，从其他欧洲国家的代表性甜品中汲取灵感，比如德国、瑞士、奥地利、法国和意大利。但与此同时我们也在不断创新，近几年，我发现这些国家也开始借鉴丹麦的甜品制作工艺和口味了。

食帖 ▻ 听说马卡龙之所以能在丹麦流行起来，都是归功于 Conditori La Glace？

Lars ▻ 大约 15 年前，马卡龙在法国本地已取得巨大的成功，恰好那时我也在寻找新灵感，来使 Conditori La Glace 发展得更好，于是就决定开始在 Conditori La Glace 制作和出售马卡龙。

食帖 ▻ Conditori La Glace 的招牌千层蛋糕（Layer Cakes）是按照丹麦传统做法制作的吗？

Lars ▻ 我们的千层蛋糕品种多达 25 种，这里面有十多种都是遵循丹麦传统做法的经典款式。剩余品种则是借鉴其他国家蛋糕的精华，并融入自己的想法研发而成，而有一些品种更是我们的独家原创，非常现代且新颖，有很多款我敢保证是你从来没尝过的口味。

● 沃尔墨蛋糕（Volmer Cake）是为了艺术家 Sejr Volmer Sørensen 在 Nykøbing Falster 40 周年纪念演出而特别定制的蛋糕。这款蛋糕为 Conditori La Glace 独创，看似简单，却极富层次：包含了夹杂柔软牛轧糖的打发鲜奶油、蛋白杏仁饼底、杏子果酱、香草奶油，外缘以杏仁膏包裹装饰。

食帖 ▻ 你们在食材和工具的选用上有哪些要求？

Lars ▻ 我们有些工具，是从 19 世纪早期沿用至今的，比如冰激凌机。我们从来不吹嘘我们的食材有多好，通常就是使用最简单和天然的食材。在我看来，真正的美味出自工艺和对温度的把控，温度对于烘焙来说至关重要。

● 作为哥本哈根最古老和知名的甜品店，这里每天的生意都很好。但不论再忙，每个店员的脸上都挂着笑容。

食帖 ▻ Conditori La Glace 已有 140 多年的历史，这百年间是否有过很大的变化？

Lars ▻ 毫无疑问，Conditori La Glace 是丹麦历史最悠久的一家甜品房，有很多古老的传统延续着，一些糕点也一直遵循古法制作，甚至包括我们的工作方法。但与此同时我们也在不断地发展，尤其是近 20 年。可以说 Conditori La Glace 是一家既有历史又有创新的甜品店，我们遵循的原则，便是要在继承的同时，不断研发新产品。不可否认的是，这一百多年来，每一任在 Conditori La Glace 工作过的甜品师，都付出了足够多的努力与心血。

食帖 ▻ 你觉得欧洲人是否较亚洲人更加嗜甜？

Lars ▻ 说实话，我对亚洲甜品的了解不是很多，但欧洲人的口味其实也是变化多端的，并非一味地嗜甜。不过我们这儿确实有个黄金规则——“越甜越美味”，尤其是意大利的甜品更是遵循该原则。相较之下，丹麦的甜品会偏酸一些。

食帖 ▻ 请推荐一款你最喜欢的甜品。

Lars ▻ 我一定会推荐 Sports Cake（运动蛋糕）。它制作于 1891 年，为一场叫“ Sports Man ”（运动者）的戏剧首演而特别定制。只要说起 Conditori La Glace 就不得不提起这款蛋糕，它在某种意义上是我们店的象征。fin.

“不过我们这儿确实有个黄金规则——‘越甜越美味’。”

—— Lars Juul

● 就算拥有再好的食材、再先进的工具，如果不辅以精湛的技艺和用心的制作，也只是浪费资源而已。相反，如果二者结合，将事半功倍，也是成就一家好甜品店的必由之路。

专访 ……… × Kathy

樱桃，才是黑森林的灵魂

专访甜点师 Kathy

金梦 / interview & text

陈晗 / edit

Dora / photo courtesy

✱ "Schwarzwald"，德语里的"黑森林"，其实是坐落在德国西南部的一片山区。这里盛产樱桃，黑亮饱满，每到樱桃收获季节，山脚下的人们就将其做成樱桃酱、樱桃汁、樱桃酒，又将这些酱、汁、酒，和新鲜硕大的樱桃，一起塞进奶油蛋糕里，做成最具"黑森林"地区特色的樱桃酒奶油蛋糕。随后这种蛋糕美名远播，蛋糕胚也逐渐固定为巧克力蛋糕，外层涂满雪白奶油，最后再撒满浓黑巧克力碎屑，看上去，确是一番"黑森林"的意象。✱其实，有关"黑森林"蛋糕之名的由来，以上也只是传说，至今尚无定论。唯独可以确定的是，这种樱桃酒蛋糕确实发源于德国，在 1934 年德国人 J. M. Erich Weber 著述的糕点书中已有记载，而且，"黑森林"的主角并不是很多人以为的巧克力，而是硕大鲜甜的樱桃，还有那必不可少的德国樱桃酒"Kirschwasser"。✱在北京若想吃到好吃的黑森林，你要去找 Kathy 姐。Kathy 姐本名杨富荣，从 1992 年北京凯宾斯基酒店一开业，就在这里工作，一晃 23 年过去，如今已是饼房厨师长，酒店员工们都叫她"Kathy 姐"。京城的甜点爱好者，恐怕没有几个不知道凯宾美食廊，而这美食廊每天供应的甜点，便由 Kathy 姐带领团队一手制作。凯宾斯基是源于德国的欧洲酒店集团，自然更加侧重德国美食，不只是经典的黑森林，也有德国传统苹果卷、德式奶酪蛋糕和各种德式面包，但 Kathy 姐也坦诚地说："相较于传统德式风味，我们的甜点其实经过了一定的甜度调整，使其更适合亚洲人的口味。"最初他们也做德国传统年轮蛋糕，后来逐渐取消，一是因做法略为复杂，不适合酒店后厨较快速的工作环境；二则因为年轮蛋糕偏甜腻，不太适合亚洲顾客对美味与健康兼顾的追求。✱当问到 Kathy 姐做了 20 多年甜点，是否有过厌倦？她爽朗大笑，回说："吃是吃厌了，但做是不会厌倦的。因为总是可以改良、创新、进步，总是会有新的成就感。"

PROFILE

Kathy （杨富荣）

北京凯宾斯基酒店饼房厨师长，已在北京凯宾斯基酒店任职 23 年。由她带领的凯宾美食廊，是北京最受欢迎的甜点房之一。

● 北京的凯宾美食廊，虽说只是小小的一间，却五脏俱全。从面包到蛋糕，咖啡到果汁，同时还有各式德国特色食物，如德式香肠、德式奶酪等，一应俱全。

● 饼房的王牌甜点——德国黑森林蛋糕，每天都有不少国内外顾客慕名而来，即使是工作日的下午。

食帖▻你是如何成为一名甜点师的?

Kathy ▻我 1992 年开始接触甜点，最初只是因为单纯喜欢，同时又觉得甜点师这份工作比较适合女孩子。再者，在我们那个年代，厨师这一职业里可供女孩子选择的门类并不多，只有冷盘和甜点，冷盘接触生冷的东西较多，我不是很喜欢，所以最终选择了甜点师这条路。

食帖▻现在主要是做德式甜点?

Kathy ▻在学校学习时自然是什么种类的甜点都接触，但是自从来凯宾斯基工作后，因为该酒店老板和主厨都是德国人，德式甜点自然接触得相对来说多一点，但同时也兼做一些法式和意式的甜点。

食帖▻你觉得德式甜点和法式甜点有哪些不同?

Kathy ▻法式甜点款式较多，种类丰富，一个大的分类下可以细分出很多不同的甜点来；在口感方面，较德式甜点来说也更爽口一些，德式甜点还是比较厚重的。另外从外形方面，法式甜点给人以精致小巧的印象，德式却不然，我觉得这是传统与创新的问题。其实德式甜点要做到精致小巧完全可以，但这是一个传统，好像大家已经习惯了德式甜点就是要做得非常家常，且用料十足。不过如果遇到一些特殊的节日或宴会场合的话，我们也会将德式甜点做得精致小巧一些，同时保持它一贯的口感。

食帖▻“黑森林”大概是最具代表性的德式甜点了，正宗的“黑森林”应是什么样子?

Kathy ▻其实正宗的“黑森林”是使用产自黑森林地区的樱桃，更重要的是必须使用当地的樱桃酒，通常也不含巧克力成分。而我们的“黑森林”比较受欢迎，就是因为我们的樱桃均使用德国进口的冰鲜黑樱桃，自己煮制樱桃酱，而不是直接使用罐头。煮制过程中还会加入许多德国当地的 Kirschwasser 樱桃酒，它是果酒，只会留下淡淡果味酒香而不会过于浓烈。

食帖▻除了“黑森林”之外，还推荐哪款德式甜点?

Kathy ▻德式苹果卷，它是一款非常传统的甜点，与其说它是甜点，不如说是甜点与小食的综合。我们通常都会降低一定甜度，因为当今社会，大家还是追求健康为主。这个苹果卷就是典型，最初制作时其实用的是红苹果，比如红富士。结果还是觉得吃起来偏甜，就尝试改用青苹果。青苹果不易出水，甜度较低，和葡萄干与肉桂粉搭配起来酸甜正好，非常合适。建议大家在品尝苹果卷时搭配香草汁。

食帖▻作为一名甜点师，自己爱吃甜点吗? 20 多年来，是什么支持着你一直做甜点?

Kathy ▻最初是喜欢吃的，但同一款吃了这么多年，吃腻也是人之常情。但每次遇到新研发或是新口味的甜点时，我还是有兴趣一试，然后去想怎么将它的口感改良得更好等等。

使我一直坚持到今天的最大动力，就是“甜点师”这一职业给了我很大的成就感。想象着自己做出来的甜点被大家所接受和喜爱，那是多么有成就感的一件事。而且，我还是很爱这个行业，总是有可以改良创新的地方。我觉得如果你不是发自内心地喜欢一件事，是没办法做好的。

食帖▻目前是否做过完全自主研发的甜点?

Kathy ▻个人认为，当今的任何一款甜点都不算是完全自主研发，只能说是在“经典”的基础上进行改良与创新。比如今年三月，我们便推出了“52 款甜品环游世界”主题活动，一年 52 周，每周推出一款代表某个国家和地区特色的单品供客人品尝体验，不局限于甜点，像面包、布丁这些也可以。这么做的目的，一是让顾客保有新鲜感；二是激励我们不断创造出更好吃、更有新意的糕点来。

食帖▻能否说说你做甜点的心得?

Kathy ▻重要的是经验与时间的积累，使自己更了解各种食材的特性，知道怎样最大程度地发挥出食材的精华，这很重要。比如这种食材和那种食材组合起来，或许相得益彰；但如果与另一种食材组合，也可能非常糟糕，这其中的权衡，就是靠经验。fin.

凯宾斯基饼房甜点师示范两款招牌甜点做法

黑森林蛋糕 Black Forest Cake

食材 ▸▸▸ 8 寸巧克力海绵蛋糕胚 /1 个✣打发鲜奶油 /400 克✣黑巧克力 /50 克✣黑巧克力碎屑 /150 克✣樱桃酒 / 适量✣酒渍樱桃 / 适量✣德国黑樱桃 / 适量

做法 ▸▸▸ ❶ 50 克黑巧克力融化，与 150 克打发鲜奶油混合成巧克力奶油，装入裱花袋待用；剩余鲜奶油取一半装入裱花袋待用；❷准备好用 Kirschwasser 樱桃酒浸渍过的德国樱桃；❸将提前做好的巧克力海绵蛋糕胚横切成三片；❹将第一层蛋糕胚放入模具底部，薄薄地刷上一层樱桃酒；❺沿模具边缘挤一圈巧克力奶油，中间再挤一小圈，裱花袋里装入酒渍樱桃，挤在奶油之间；❻再盖一层蛋糕胚，刷一层樱桃酒，挤两圈鲜奶油，中间挤满酒渍樱桃；❼盖上最后一层蛋糕胚，脱模，外部涂满鲜奶油，撒上黑巧克力碎屑，再缀上数颗黑樱桃装饰即可。

德式苹果卷 Germany Apple Strudel

食材 ▸▸▸ 酥皮面团（提前用高筋面粉、水、盐、植物油混合制作而成，未经发酵）/500 克 ✣青苹果片 /600 克 ✣酒渍葡萄干 / 适量 ✣融化黄油 /100 克✣肉桂粉 / 适量 ✣糖粉 / 适量

做法 ▸▸▸ ❶提前做好酥皮面团：用于制作苹果卷的面团需要非常高的延展性，揉面时要反复摔打，直至柔软、有延展性，且无结块；放置一段时间醒面，然后将其擀成极薄的面皮，夸张地说，要薄到透过它可以读报。❷烤箱预热 180℃；准备好用朗姆酒腌渍的葡萄干，和撒了肉桂粉的青苹果片；❸ 在擀开的面皮上刷一层黄油，码放苹果片和葡萄干；❹面皮从一端开始小心卷起，将内馅完全包住后，在面皮表面再刷一层黄油，并扎几个小孔透气；❺放入烤箱烤 30~45 分钟，可根据具体烤箱调整时间，表面烤至金黄偏深时即可取出；最后均匀筛上少许糖粉。

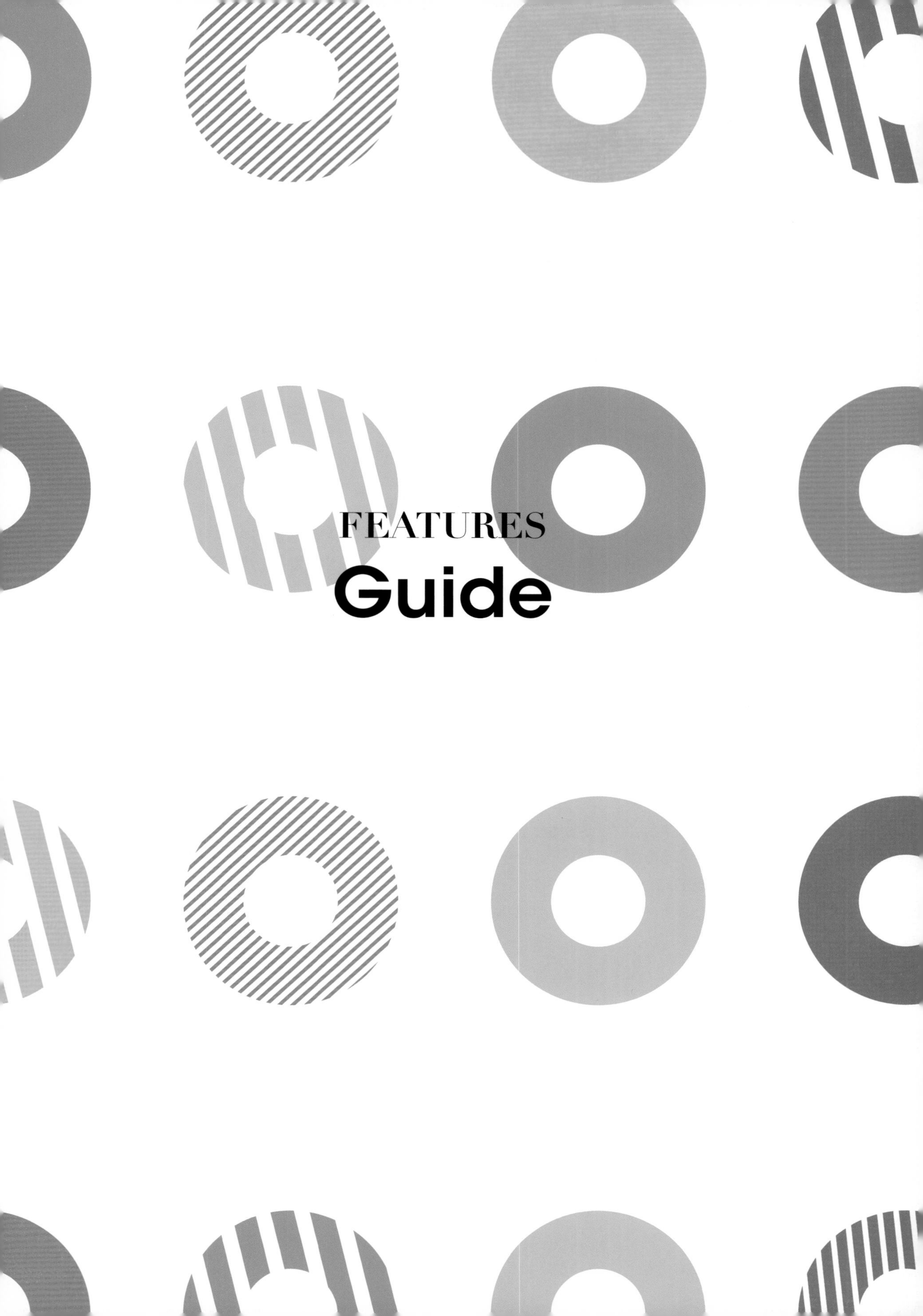

FEATURES

Guide

吃了那么多和果子，还是不知道的 A to D

✶✶✶

陈晗 / text & edit
Ricky / illustration

❍在日本已有上千年历史的和果子，以其迷人的外形和色彩，还有美丽的名字而闻名于世。虽然很多人对和果子的印象是"甜"，但其实它的甜是为了佐茶。食用和果子对人的身体与大脑大有益处：和果子基本不含脂肪，与经常使用乳制品的洋果子（西洋点心）相比，卡路里含量较低；和果子常用原料之一的小豆，富含有抗氧化作用的多酚及其他营养物质；砂糖与谷物等淀粉类食材，更会转化为脑的唯一营养源——葡萄糖，学习或工作疲乏的时候要吃甜食，正是这个道理。

✤和果子品尝方法✤

✤ 佐茶时吃和果子的方法，也有些特定的讲究。首先，日本茶道中吃和果子并不用托盘，而是用一种"怀纸"盛装。其次，在日本人看来，最美的进食方式是用牙签切和果子，再用牙签扎在和果子上进食，最后将点心渣用牙签扫进嘴里。虽说不用牙签吃并非不可以，但为了不让点心渣落在地上，左手要拿怀纸接着。煎饼可以用怀纸掰成一口能吃下的分量，茶最好在和果子全部吃完之后再喝。

✤和果子保存方法✤

✤ 和果子的食材以淀粉类为主，一旦冷藏就会凝固，保存的话需要放在冷冻柜里。并且冷冻必须趁早，最好分成一次能够吃完的量来分割冷冻。如果是易碎果子，最好放在容器内冷冻。解冻时，常温下放置 2~3 小时就可以，只是解冻之后会很快变质，最好尽早吃掉，绝对不能在解冻之后再度冷冻。

✤按含水量区分和果子✤

✤ 含水量 30% 以上——生果子
生果子并非不需加热，也有很多生果子需要蒸或煎。
✤含水量 10%~30%——半生果子
介于干果子与生果子之间的点心。
✤含水量 10% 以下——干果子
由于水分很少，成品经常是质地坚硬的。

✤ 17 种经典和果子✤

✤✤✤饴✤✤✤

◂◂◂◂ 干果子 ▸▸▸▸

在中国，这个“饴”字常指液体糖浆；但在日语中却多指固体糖，若指液体糖时，通常会写作“水饴”。相传在著于公元 720 年的日本古书《日本书纪》中，已有关于“饴”的记载，那时所描述的饴，更接近液体糖浆，也就是现在日语中的“水饴”的状态。那种糖浆是将一种叫甜葛的蔓生草本植物茎部割开，收集汁液，并进行熬煮而成。日本江户时代中期以后，砂糖这种东西逐渐流行开来，各式各样的固体糖果纷纷登场，“饴”字也更多地被定义为固体糖果了。

✤✤✤有平糖✤✤✤

◂◂◂◂ 干果子 ▸▸▸▸

日本安土桃山时代，从葡萄牙和西班牙传入的一种糖果。就连有平糖名字的发音“aruhei”，据说也是从葡萄牙语中的“糖果”一词音译而来。日本江户中期砂糖开始流行以后，人们也开始在糖果的颜色和造型上讲究起来。有平糖是将砂糖、液体糖浆与水混合熬煮，之后放凉使其凝固成形。

✤✤✤柏饼✤✤✤

◂◂◂◂ 生果子 ▸▸▸▸

日本也有端午节，且在这个节日会吃柏饼，这一习俗似乎是从江户时代开始流行。柏是一种新芽不出旧叶不落的植物，所以被江户时代的武家和商家视作家族繁荣、世代不衰的象征。

✤✤✤萩饼✤✤✤

◂◂◂◂ 生果子 ▸▸▸▸

因表面露出的一片片红豆皮，看着就像盛开的荻花一样，所以古时这种糕点被日本人称作“萩之饼”或“萩之花”，后来渐渐简化为“萩”，但在前面加了个日语中代表尊敬的“御”字，成为“御萩”，读作“ohagi”。“饼”在日语中意为年糕，年糕一般需用杵来捣，而萩饼虽带一饼字，却无须捣，邻居便不会听到做饼的声音，因此就有了个别名——“邻不知”。另有一称是“牡丹饼”，和萩饼本质上是同一物，只是在用料比例和食用季节上有些区别。

✤✤✤花林糖✤✤✤

◂◂◂◂ 干果子 ▸▸▸▸

小麦粉、淀粉、鸡蛋、膨松剂混在一起，放入油锅炸，最后浇上红糖或白砂糖制成的糖蜜——这就是深受喜爱的花林糖。花林糖从何而来，有的说是遣唐使从中国带来，有的说是从其他国家传来，诸说不一。但可以确定的是，现在花林糖的做法起源于日本明治时代 ：当时生意人将小麦粉加水做成棒状，再入油炸，最后裹上红糖给孩子们做甜食吃。

✤✤✤外郎✤✤✤

◂◂◂◂ 生果子 ▸▸▸▸

中国元代有位礼部员外郎叫陈延佑，元为明所灭后，陈延佑举家迁往日本，并带去了一种药物，叫作“透顶香”，由麝香、丁香、樟脑等材料制成，放进帽冠里，可清凉除臭、提神醒脑。后来陈家还用类似的材料，做出了一款味道模仿“透顶香”的糕点，起初只是在陈家宴客时才会食用，后来这种糕点流传开来，被人以陈延佑的职称命名为“外郎”。

✤✤✤落雁✤✤✤

◂◂◂◂ 干果子 ▸▸▸▸

“沉鱼落雁，闭月羞花”。这是中国用来形容女子美貌的词语，谁承想，“落雁”却也是日本一味和果子的名称。落雁来源于中国明代小吃“软落甘”，由于“甘”、“雁”同音，用字也变为“落雁”。据说江户时代在位的后水尾天皇见到这味点心，看到形状宛若在飞翔，白色面团上又点缀着几粒黑芝麻，便感叹了一句 ：“高于白山积雪，果子之名，却是四方千里之落雁？”落雁一开始只是些简单形状，色彩也比较单一，但匠人们不断注入匠心，制作出了不同色彩与形状的点心。

✤✤✤最中✤✤✤

◂◂◂◂ 半生果子 ▸▸▸▸

“水面映出圆月之波浪，掐指一数，今夜正是秋之最中。”这是平安时代《拾遗和歌集》中的一首诗句。中秋圆月也叫“最中之月”，与圆月形状相似的食品，也被命名为“最中”。粗看起来，这种和果子像是中国月饼的缩小版，没错，早期“最中”的烧制方法与月饼并无二致。但到后来，日本人逐渐将“最中”分为上下两片，中间夹上红豆馅烧制。至于“最中”上面刻什么，便是制作者匠心的体现了。

✤✤✤羊羹✤✤✤

◂◂◂◂ 半生果子 ▸▸▸▸

羊羹最早是从中国传入的羊肉汤，但日本古人不吃肉，便用小麦粉与小豆混在一起蒸熟、凝固，做出类似肉的效果，这便是和果子羊羹的开端。进入江户时代，日本人从红藻中提取出了琼脂，加入羊羹之中形成了“炼羊羹”，逐渐形成了如今的长方形状。由于炼羊羹更加顺滑可口，日本各地都致力于做出不同风味，以作为本地特产。

✤✤✤薯蓣馒头✤✤✤

◂◂◂◂ 生果子 ▸▸▸▸

此馒头并不是满布大街的主食，而是一份精致的和果子。据说蜀国丞相诸葛亮七擒孟获，班师渡江之时，忽然赶上翻江倒海，听当地人说必须以人的头颅作为祭品才能保证风平浪静。诸葛亮为了保护生灵，用小麦粉装上羊肉代替人的头颅丢入江中，一阵作法之后终于平安渡江。这种食物虽叫作“馒头”，但馒头在中国却逐渐没了馅，有馅的成了包子。不过在日本，馒头却依然保持原意，只不过依然用红豆馅来代替羊肉。

薯蓣就是山药，由于薯蓣一经蒸制便会膨松，吃起来便会有软绵绵的感觉，加入馒头中再合适不过了。相传薯蓣馒头的创制者是中国人林净因。这位佛教弟子在日本深受天皇喜爱，甚至得蒙日本天皇赐予一位日本宫女为妻。在婚礼上，林净因便用红白两色的薯蓣馒头招待客人。从此每逢各种仪式庆典，日本人都会祭出红白馒头。

✣✣✣樱饼✣✣✣

◂◂◂◂ 生果子 ▸▸▸▸

平底锅中放入以砂糖和小麦粉和好的面，轻轻煎制成薄饼，再在其中加入红豆馅，最后再用樱树叶包裹，这就是最早出现于日本江户时代的樱饼。制作樱饼的小麦粉，大都以关西道明寺出产的道明寺米磨成。

✣✣✣粽✣✣✣

◂◂◂◂ 生果子 ▸▸▸▸

又是一份中国食物的翻版。屈原投江，亲属纷纷用芦苇叶包上稻米作为供品投入江中，但据说有一天，屈原托梦给村里人，告诉大家江中有一条恶龙总是抢夺供品。从那以后，大家就都将粽子包成尖角。但与中国粽子呈标准三角体有所不同，日本粽子却将其塑造为前窄后粗的锤子形。日本粽子并不使用纯米，而是用碾碎的米粉；外包的粽叶也不仅限于箬叶或芦苇叶，更可以使用白茅、竹叶、蒿叶。

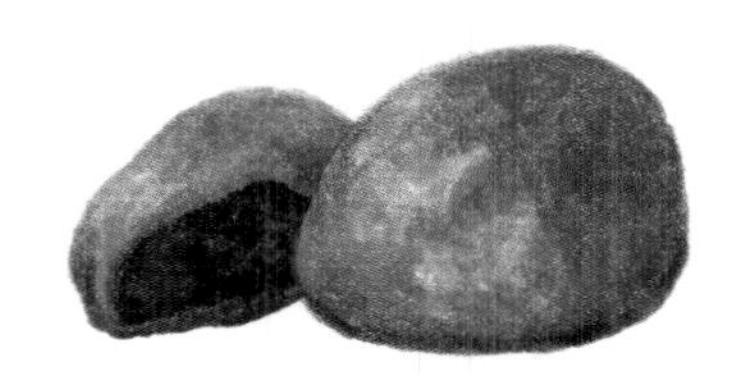

✣✣✣草饼✣✣✣

◂◂◂◂ 生果子 ▸▸▸▸

将艾蒿的叶子放入原料中制成的饼，也叫作“蓬饼”。中医认为艾蒿的草香有助于祛除邪气，于是每逢 3 月 3 日“桃之节”，日本人都会以草饼为食。于是 3 月 3 日也被称为“草饼节”，正如上元节逐渐被称为元宵节一样。

✣✣✣葛馒头✣✣✣

◂◂◂◂ 生果子 ▸▸▸▸

又是一种新的馒头，主要以葛粉与砂糖制成。每逢夏天，日本人会给葛馒头包上樱树叶，葛馒头本身颇具透明感，再加上树叶的装饰，让人备感清凉。葛草的根部正是中药葛根，用葛粉作为和果子的材料，自然也有助于解肌退热、生津止渴。

✣✣✣求肥✣✣✣

◂◂◂◂ 半生果子 ▸▸▸▸

白玉粉与小麦粉溶入水中，加热并放入白砂糖与淀粉，凝固之后便成了和果子“求肥”。求肥最大的特点是弹力十足，顺滑可口，恰如牛皮一样。所以最早，这份食物的名字就叫作“牛皮”。但由于古时的日本人忌肉，“牛皮”也一并忌讳掉了，最终定名为与“牛皮”日语发音相近的“求肥”。

✣✣✣金锷✣✣✣

◂◂◂◂ 生果子 ▸▸▸▸

“锷”指的是刀刃，金锷之名正得自那一圈刀刃一样的硬边。最开始的形状是圆饼状，后来也发展出了长方体形状。由于关西的食材烧制出来是银色，金锷最早其实叫作银锷，但传到江户（东京旧称）之后，江户附近出产的小麦粉可以烧制出金色。为了显示对关西的优越感，江户人便高喊出“比起关西之银，还是江户之金更强”，并最终将这份和果子的名字由银锷改为金锷。

✣✣✣煎饼✣✣✣

◂◂◂◂ 干果子 ▸▸▸▸

煎饼也是在日本的平安时代由中国传入日本。最开始是将小麦粉与水混合后，再用油煎制而成的甜味煎饼，但现在这种甜味煎饼却主要流行于关西。如果去了关东，就会发现煎饼不仅有甜味，更有加盐乃至加酱油的咸煎饼。恐怕日本关西与关东，也与中国南方与北方一样，呈现“甜党”与“咸党”之分吧。

● 最传统的港式糖水之一——番薯糖水。与如今各式做法复杂、五彩缤纷的甜品相比，它略显朴素，番薯的软糯配上冰糖的清甜，那是记忆里的味道。

糖水，是浸在骨子里的寄托

✶✶✶

金梦 / text & edit
PYHOO / photo courtesy

❍ 在老一辈的广东人和香港人的心目中，一份香甜暖胃的糖水，大概是一天劳累的工作后最好的奖赏了。想象一下，在一家充满古早味的糖水铺中，慢慢地品一份糖水，与街坊邻居闲话家常，一天的疲劳瞬间就会消失殆尽。所以，糖水之于他们，更像是一种心灵上的寄托。 ❍ 粤语中称甜品为“糖水”，而最早的传统中式糖水可不是单纯的水加糖，需以各种豆类、谷物、干果为原料，经过熬、煮、炖三道工序，做到既有汤汁又要有料。而正宗的粤式糖水不仅要美味香甜，也要养生滋补，夏饮绿豆沙、马蹄爽可以清热祛火、解暑气；秋天炖煮百合糖水、冰糖雪梨则可以起到除燥润肺的功效 ；冬天的黑芝麻糊、红豆沙则是补血益气、助消化的佳品。

传　统　中　式　糖　水

黑芝麻糊

✤《本草纲目》中记载，芝麻学名胡麻，“胡麻取油，以白者为胜，服食以黑者为良”。而一碗上乘的黑芝麻糊要做到甜而不腻、浓而不稠。这八个字看起来容易，真正做起来就知道不是那么简单的。

✤首先，为了使黑芝麻最大程度地发挥出香气，一定要手炒黑芝麻，同时需要掺一定比例的白芝麻，因为白芝麻的油分比黑芝麻高，可以将黑芝麻的香味更提升一层。而另外一个重要作用，就是当白芝麻呈微棕色时，就知道黑芝麻炒得火候正好了。

✤之后，需将炒好的黑芝麻与珍珠米以 9：1 的比例混合，这步可以说是做成一碗上好黑芝麻糊的关键。因为珍珠米较普通的大米更具弹性，同时会使黑芝麻糊更加黏稠、幼滑。

✤再来就是上石磨磨浆，这里一定得是传统的手动石磨，才能完整均匀地将芝麻碾碎，同时在磨浆的过程中，要逐渐加水，之后就可以看到细腻、浓稠、黝黑的黑芝麻浆缓缓溢出，带着芝麻天然的香浓气味。

✤最后就是加入片糖，在锅中以文火慢炖十分钟，一碗上等的、香气四溢的黑芝麻糊就出锅了。正宗的黑芝麻糊在满足我们的嘴、温暖我们的胃的同时，还可起到使皮肤嫩滑、调理肠胃的作用。

◍ 热气腾腾的黑芝麻糊，刚刚出锅。黑芝麻糊，最宜秋冬时节食用，可以温暖身体、补充能量。吃一口黑芝麻糊，仿佛就回到了小时候，围坐在父母身旁，静静地听着街角处那一声声悠远的叫卖声。

豆腐花

✣豆腐花是港式糖水中的滋补佳品。因为黄豆含有丰富的蛋白质和氨基酸，可以起到降低胆固醇，预防心脑血管疾病的作用。

✣一碗正宗的豆腐花，从选料到做法都不能有任何差错。首先，一定要选取非常饱满，外皮平整的黄豆。接着是榨出豆浆，手工滤出豆渣。滤出豆渣时需封紧袋口，用手将豆浆均匀挤出。

✣一碗豆香四溢的豆腐花，秘密就在于“撞”，即将食用石膏粉、生豆粉均匀调和，然后将豆浆快速浇灌至里面。注意豆浆一定要够热，才可以使其凝固成豆腐花。同时在“撞”的过程中要一气呵成，防止空气进入。否则会在豆腐花表面形成气孔，不仅破坏嫩滑的口感，也影响美观。

✣传统豆腐花的吃法是加入糖水或者黄糖，但经改良后，可以加各种配料。

● 加入了抹茶冻和杏仁粉的豆腐花，豆腐花清甜，中和了杏仁和抹茶的淡淡苦涩。

● 红豆杏仁豆腐——“愿君多采撷，此物最相思”，不同于王维诗中“相思红豆”的略带伤感之意，红豆在港式甜品中可说是神采奕奕的“黄金配角”。

绿豆沙

✤绿豆沙清热解毒、绵密香甜，时至今日仍是老广东食客的最爱之一。做出一碗好的绿豆沙，选料很重要。一定要选取表面油润饱满的绿豆。想要绿豆“出沙”，秘诀则在于以 10：1 的比例加入糯米，糯米软糯，可以使绿豆沙变得更绵密。

✤之后入锅内炖煮，半个小时后加入冰糖。文火继续慢煮 45 分钟后放入甘草，更能引出绿豆沙甘甜的味道。最后焖 30 分钟，一碗绵密香甜的绿豆沙就出锅了。

● 冰镇绿豆沙，清热解暑。还加入了少许海带，使其咸甜兼得，口感丰富。

双皮奶

✤双皮奶起源于广东顺德。由水牛奶、砂糖、蛋清混合蒸炖而成。因含有双层奶皮，故被称作双皮奶。其质地柔滑、清甜浓郁，可热饮亦可冷食。被广东、香港地区的人们评为甜品中的极品。

✤其实双皮奶的做法并不复杂：只需先将牛奶煮滚，趁热倒入碗中，待表层结出奶皮后将牛奶倒至另一个碗中，使奶皮留在碗底；然后在奶中加入砂糖、蛋清，搅拌均匀后再倒回存有奶皮的碗中，置火上蒸炖；适时起锅、冷却，就会产生一层新的奶皮，此即双皮奶。

✤但这看似简单的一碗双皮奶，是怎样吸引到那么多的食客的呢？

✤原来一碗正宗的双皮奶，其牛奶必须是清晨新挤的水牛奶，鸡蛋则必须是土鸡蛋，砂糖则以当地所产为佳。三者搭配必须相得益彰，既要有蛋奶混合的香甜味，又要做到甜而不腻。蒸炖的火候和时间也至关重要，多一分会老，破坏丝滑的口感；少一分会嫩，变得过于水润。

● 南信的双皮奶。广州的南信牛奶甜品，创立于 1943 年，是六十多年的“老字号”，主打甜品即双皮奶，轻含一口，如丝如绸，入口即化。

改　良　糖　水　与　点　心

✤ 由于历史原因，在香港成为英属殖民地后，诸多饮食文化都被打上了英国的烙印。经过一些改良后，中西结合的港式甜品店便如雨后春笋般冒了出来，它们在各类糖水中加入新鲜水果、椰子汁和西米露等，使港式糖水既成为历史的传承，又是文化交融的产物。

蛋挞

✤ 提起港式甜品不得不提的一个代表就是港式蛋挞，蛋挞其实是从英国下午茶里的茶点 Custard Tarts 演变发展而来的。智慧的香港人在其中加入了自己的元素，使港式蛋挞如今已成为一张港式甜品的名片。

✤港式蛋挞主要分为两种：酥皮蛋挞和牛油蛋挞。

✤不少人认为葡式蛋挞即酥皮蛋挞，其实存在误区。葡式蛋挞可说是酥皮蛋挞的一种，但是不等于酥皮蛋挞。而港式酥皮蛋挞和葡式的最大区别，就在于挞水。葡式蛋挞的挞水在制作过程中会加入奶油，同时挞水表面会烤至焦黑，其口感较港式酥皮蛋挞也会更加酥脆香浓。

✤港式酥皮蛋挞的特点是挞皮特别松化，层次分明，口感丰富。最厉害的酥皮层数最高可达 380 层。其中的高妙，就在于挞皮的制作过程：酥皮蛋挞的挞皮是由水皮和油皮组成。水皮用低筋面粉、鸡蛋和清水和成，搓揉时不可太用力，因为过大的力度会使面团起筋，这样烘烤出来的挞皮不够松脆；而油皮是用猪油代替水，加入低筋面粉、花生酱和奶粉和成。因油水不相溶，所以用油皮包着水皮就可以将挞皮做出层次分明之感。这就完成了挞皮的第一步。

✤第二步是将两种皮合二为一，擀薄后折叠，再次擀薄、折叠，最后对折四下，就可以放进冰箱冷藏了。

✤第三步将冷藏后的挞皮擀开，用模具快、狠、准地扣出大小均等的挞皮，就可上模做盏了。做蛋挞盏也有学问，一是需用双手固定住挞皮，使其不会在模具里移位；二是修边，将挞皮边缘修饰成漂亮的波浪纹；最后是按平挞皮底部，以防烘烤过程中挞皮凸起。澳门的葡式蛋挞虽也是酥皮，但其挞水表面通常烤得焦黑，与港式酥皮蛋挞有些许不同。

✤相较酥皮蛋挞的复杂工序，牛油挞皮的制作工序就要简单得多。只需低筋面粉、奶粉、牛油、鸡蛋，加花生酱和糖调味就完成了。

✤蛋挞中滑嫩香甜的部分要靠蛋浆，又称挞水。完美幼滑的蛋浆要按照 10 份水、1 份蛋、4 份奶的比例调配而成。注入蛋浆时八分满即可，这样可以预留空间给蛋挞膨胀。

✤如今，不论是市井气息的茶餐厅，抑或高档西餐厅，我们都能发现蛋挞的身影。如果在品尝香甜滑嫩的蛋挞的同时，再配上一杯香醇柔滑的港式丝袜奶茶，就再美好不过了。

● 牛油蛋挞，因吃起来口感酷似曲奇，所以又被称为“曲奇皮蛋挞”。不同于葡式蛋挞浓郁的焦糖香，港式蛋挞似乎更加朴实，只是带着蛋奶最天然的香气，给人醇厚温暖的感觉。

● 香港泰昌饼家，可以说是制作牛油蛋挞中的翘楚了，因最后一任香港总督彭定康曾来光顾，故又被称作“肥彭蛋挞”。从某种意义上来讲，泰昌饼家不仅见证了香港的历史变迁，也承载着老一代香港食客的记忆。

港式奶茶

✤香港市民每年的奶茶消费量达到 10 亿杯，所以奶茶从一定程度上可以说是超越了蛋挞，成为香港市民心中最深的吃食印记。

✤早期的港式奶茶采用中国茶偏多，红茶较少，因那时红茶还属于贵族级别的消费。随着时代的发展，如今一杯上好的港式奶茶，需要顶级的锡兰红茶来冲泡，其中的秘密是不能用单一品种的锡兰红茶，而应将粗茶、中茶、中粗茶、幼茶这四种混合起来，方为绝妙。

✤为使奶茶更香浓醇郁，需将混合后的茶叶放置一晚。利用茶叶的发酵作用，使不同等级的茶香互相融合。

✤水温与手法在一杯好奶茶的诞生过程中，也起着至关重要的作用。泡茶的水温一定要高于 90℃，这样才可将茶香完全“爆开”，达到浓郁的效果。

● 港式丝袜奶茶，茶浓奶浓，先苦涩后甘甜，茶味浓郁，奶香绵长。夏天的话，来一杯港式冻奶茶再美妙不过。

✤最重要的一步叫作“撞茶”，即先将茶叶冲泡五分钟，沿着茶袋边撞第一次；再泡一会儿，将茶壶高举，撞三到四次。由于泡茶的茶袋很密实，所以，反复地冲撞才会将茶味引出。同时空气会混入其中，使茶香更柔滑。记住速度要快，这样茶渣就会分离得更清楚。冲泡好的茶，理想的饮用时间是 1 小时以内。

✤不只茶叶需要用锡兰红茶，对奶的选用也很有讲究。好的奶茶，讲究使用全脂奶而不是植脂奶，这样才会有天然奶香。入茶时，茶杯杯身一定要热，才不会降低奶茶的浓郁。就这样，一杯绝妙的奶茶诞生了。

✤还有种备受老食客推崇的品法叫“茶走”，即在奶茶中加入炼奶。由于炼奶本身香甜，便不用额外加糖，但要加入少许淡奶，可以使口感上有更多层次。

✤除了热饮，炎炎夏日里，一杯冻奶茶也是莫大的享受。冻奶茶可不是热奶茶加冰那么简单，因为冰加到热奶茶中，会迅速融化而冲淡茶味。所以一般的冻奶茶都会使用旧茶，旧茶经过一夜的泡制、发酵，茶香愈浓，再加入冰块与其中和，便是正好。另一种做法是将提前做好的新鲜奶茶，放入冰箱冷藏一晚，第二天售卖即可。

杨枝甘露

✤提到改良的港式甜品，最典型的莫过于杨枝甘露。杨枝甘露这种甜品，将杧果、西柚、西米与鲜奶油混合，滋味酸甜相间，清新柔美，据说最早出现在1984年的香港利苑酒家。

✤正宗的杨枝甘露，在选料上极为讲究。首先，杧果必须选用吕宋杧或是四川的攀枝花杧，因为台杧在口味上虽说不错，但缺点是保质期短，容易腐坏。再者，西柚要选取泰国的西施柚，这种西柚在微苦中带有一丝清甜。有的食客喜欢在吃杨枝甘露时加一勺冰激凌，严格来说，港式甜品中使用的不是冰激凌，而是“捞野”，是由新鲜水果榨汁配以辅料冷凝而成的果泥型产品，它在口感和营养上，都要优于冰激凌。

● 杨枝甘露——最具代表性的改良港式甜品。相传观音菩萨右手持杨枝，左手托净瓶，瓶中的露水便被称作“杨枝甘露”，此露水据说会给人带来幸福，杨枝甘露便由此得名。杧果的甜加上西柚的苦，配上淡淡的奶香，也蕴含苦尽甘来之意。

✤在港式糖水的背后，还有许多我们不得而知的故事，但可以想见的是，它给人们带来的甜蜜可以沁入心脾，任何糕点都无法替代。

● 玫瑰甜品，是专做充满古早味的粤式传统糖水的老铺，从装修到摆设，餐具到菜单，无不流露出旧时光的气息。

● 香港聪嫂甜品自家独创的“龙眼椰果冰”，其中的龙眼是手工剥制，配以晶莹剔透的“水晶珠”，冰爽怡人，就像盛夏的强心剂。

● 香港聪嫂甜品是诸多香港明星的心头好，刘德华也曾为其题字。

中国人的甜品记忆

✶✶✶

邵梦莹 / text & edit
-z- / illustration

❍ **中式甜品遍布中国，每一方水土，都孕育出独具魅力的甜品：江浙的精致、汉中的实惠、港澳的新意。中式甜品讲究就地取材，应季而食。有些流传千年的甜品，更是在中国人的记忆中常含温度，因为，吃到有故事的甜品，总归是件温暖的事。**

①

月饼

月饼是汉族非常有名的传统甜点，每逢中秋节，必要吃上一口月饼才算圆满。因为月饼多为家人一起食用，也象征着阖家团圆之意。月饼始于唐朝，初时被作为中秋节的祭品，流行于宫廷，后传入民间，被称作「小饼」和「月团」。当今中式月饼主要有四个流派：广式、潮式、京式和苏式，但中国其他许多地区，也发展出了各具特色的月饼流派，如云南的滇式月饼等。

羊羹

羊羹起源于中国魏晋南北朝时期，是用羊肉熬汤并冷冻切块，佐餐食用。后传入日本，因当地僧侣不食肉类，就使用植物凝胶，如寒天，来替代动物蛋白进行凝固，原料也以小豆为主。今日中国食用的羊羹，制法已与日本相似，还会使用甘栗等原料，有些还会加入山楂、桃子等水果，口味上更具多样化。

✣现代人的饮食习惯和饮食理念不断变化，甜品的原料、做法、样式也会持续不断地创新，但每一代中国人，还是会对甜品有独特的记忆，以及对“甜蜜”有各自的理解。

②

杨枝甘露

杨枝甘露是港式甜品中最经典的一款，以西柚和杧果为主要原料。相传，「杨枝甘露」本指观音手中宝瓶里的甘甜露水，有祝福之意，而宝瓶中插有「杨柳枝」，故得名「杨枝甘露」；另有一说，是因为构成杨枝甘露的主要食材——西柚与杧果，都是木属植物，与杨枝相近，因而便取此名。

菠萝油

菠萝油前身就是菠萝包，新烤好的菠萝包横切一刀，夹一片冰冰的厚切的牛油，搭配咖啡或丝袜奶茶，就是一份美味港式早餐或者下午茶。但因多加了一块牛油，其实该甜品热量较高。

✤广东、香港、海南一带气候较热，盛产水果，所以以水果为主料的甜品非常多，形式也较多为汤水类，冰冰凉凉，解暑降温。像广东的糖水就非常受欢迎，原料也愈发多元化，这三地著名的甜品还有双皮奶、姜汁撞奶、清补凉、糖不甩等。此外，香港的港式奶茶、水果班戟也较有代表性。

桂花糖芋苗

桂花糖芋苗是一道南京传统甜品，通常先将新鲜芋苗蒸熟，放入桂花糖浆中慢火煮制，芋苗口感滑爽，附有桂花清香，煮制时加一些食用碱，会让颜色更加鲜红诱人。许多南京人对糖芋苗有很深的感情，与糖芋苗口味相近的，还有桂花蜜汁藕和酒酿圆子。

酒酿圆子

酒酿圆子是江南地区的一款汉族甜食，主要原料是糯米粉和酒酿，有些以果料为馅，有些无馅。因原料含有酒精成分，食用后也有温补驱寒的效果。

青团

青团是中国南方部分地区清明节时的寒食名点，外皮多为糯米粉与浆麦草汁或是青艾汁混合而成，色呈青绿，创于宋朝，初用于祭祖，后多变成应令尝鲜，填馅多为红豆沙，后发展出各种甜咸口味。

定胜糕

定胜糕是苏杭传统点心，由粳米粉和糯米粉制成，外观淡红，口感松软甜糯，相传是南宋时期为鼓舞出征将士，老百姓们特意制作而成。传统定胜糕表面有「定胜」二字，但现在也常见无字定胜糕。

✣江浙一带除以上介绍的几款，还有一些甜品也很著名，如苏式月饼、桂花糕、云片糕、海棠糕、崇明糕、薄荷糕、太师饼、石板糕、荷花酥、马蹄酥等。江浙甜品多是造型精致，做工细腻，口味清甜，余味悠长。

4

豌豆黄

依北京习俗，农历三月初三应食豌豆黄。豌豆黄是北京春夏时节的应季甜品，色呈浅黄，口感细腻清凉，入口即化，有解暑祛热之效。相传清朝的慈禧太后一日在北海歇凉，听到大街上卖豌豆黄和芸豆卷的吆喝声，便派人把小贩召来，品尝之后，赞不绝口，留小贩于宫中专门制作豌豆黄与芸豆卷，这两种点心也因此成为宫廷菜系成员。

驴打滚

驴打滚是老北京和天津卫的传统小吃，源于满洲，原名豆面卷子。江米粉做皮，红豆沙做馅，最外面粘着一层黄豆粉，因其造型很像驴子撒欢时沾满黄土的样子，所以得名「驴打滚」。口感软糯，味道香甜，深受老百姓喜爱。

✤京津一带传统甜食很多样，以油炸和糯米居多，例如糖耳朵、十八街麻花、耳朵眼炸糕、糖火烧、重阳糕等，除此之外，还有一些做工稍精细的甜点，如银丝卷、芸豆卷、核桃酪、蛤蟆吐蜜等等。

5

老婆饼

老婆饼据说源自广东潮州，后经传播到澳门，并在当地大受欢迎，逐渐成为澳门的特色甜品之一。其表面有划口，咬一口下去，可以看到内部酥皮层层叠叠。现在广东潮州、香港、澳门、台湾都有各具特色的老婆饼，并已发展出多种口味，有的以冬瓜蓉为馅，有的以糯米为馅，还有些老婆饼只用白糖。

葡式蛋挞

澳门著名甜品，又称葡式奶油挞、焦糖玛琪朵蛋挞。其原身蛋挞本是葡萄牙著名甜品，后于1989年，经英国人Andrew Stow（安德鲁·斯托）改良带入澳门。与葡萄牙蛋挞相比，葡式蛋挞的蛋挞皮更厚，并改用英式奶黄馅和减少糖量，已成为澳门招牌甜品。

✤澳门甜品喜爱以鸡蛋、牛奶为原料，受西式甜品影响较多，同时进行了一定程度的创新与改良，以适应本地人口味。除以上两种甜品，澳门的木糠布甸也非常有名。

⑥

奶豆腐

奶豆腐是蒙古族的一种奶制品，外观白净如豆腐，故得此名。其原料有牛奶、羊奶和马奶几种，经过凝结、发酵、切制而成，味道醇厚酸甜，奶味浓重，保质期相比液态奶大幅度延长，所以牧民们几乎家家户户都会做奶豆腐。奶豆腐放久后质地通常较硬，不宜直接食用，通常会蒸软或烤软再吃，或泡在蒙古奶茶里。

✣蒙古、新疆、青海、甘肃一带，因环境和气候原因，常对粮食和奶制品进行再加工，使其能够长久存放，避免食材浪费。像甜醅、切糕、合水糖圈圈、蒙古糕等都是这一带的特色甜食。

---

⑦

烧仙草

烧仙草是福建闽南地区以及台湾地区的特色甜品，属于汉族小吃的一种。做法可凉可热，以凉居多，有降火、消水肿的效果。仙草一般可与红糖水搭配，并加入红豆、芋圆、花生等小食，也可加入蜂蜜。

凤梨酥

凤梨酥相传起源于三国时代，是刘备迎娶孙权之妹的订婚礼饼中的一种，块头很大，后来为了老百姓能买得起，改良做成小块儿。其闽南语发音为「旺来」，有冀求子孙满堂之意，所以如今在台湾的婚礼上，也总能看到凤梨酥。后来也逐渐出现其他馅料的酥制品，如香瓜酥、蜜李酥、酸梅酥等。

✣台湾、福建一带因地理位置靠南、水果丰富，甜品多以果实为原料，以汤水形式呈现。此外，也常运用红豆、绿豆、地瓜、茯苓、仙草等食材来制作甜品。除此之外，台湾的牛轧糖、芋圆、冰沙、绿豆饼等也较著名。

8

闻喜煮饼

闻喜为地名，位于山西省西南部，「闻喜煮饼」则是一款山西省传统点心。虽叫「煮饼」，实则油炸制成，用了蜂蜜、芝麻仁、香油、红糖、白糖等多种原料。外面紧紧包裹一层白芝麻，里面为栗色酥皮和白色饼馅，层次分明，酥香不腻。

✣山西、山东、陕西一带喜用黏米、豆制品和新鲜时蔬来做甜食，除闻喜煮饼外，还有豌豆糕、油糕、炸豆奶等著名甜食。

9

龙须酥

龙须酥是安徽安庆市的特色甜食，又名银丝糖或龙须糖。以麦芽糖、小麦精粉等为原料，经过七道工序拉丝而成，馅料包括白砂糖、花生、芝麻、椰蓉等。外观像被千条洁白的银丝包裹而成，口感绵软清甜，入口即化，后传入宫廷成为宫廷甜点。相传由于其外观别具特色，因此被当时执政的明正德皇帝重新起名为「龙须酥」。

✣安徽一带的甜食非常讲究口味、食材，以各式酥、糕居多。与江浙一带一样，这一区域的甜食多做工精细、外观诱人。除去龙须酥这道特色甜品，还有寸金糖、顶市酥、徽墨酥、秤管糖、发喜馃等，仔细琢磨以上几种甜品的名字可以看出，人们希望通过甜食来表达对生活的美好愿景。

10

鲜花饼

鲜花饼是云南的一款特色酥饼，也是滇式月饼的代表作。内馅使用的是云南特有的可食用玫瑰花，口感有嚼头，而且可品尝到真实的玫瑰花瓣。玫瑰花的采摘时间严格控制在清晨到上午九点，因九点以后随着气温的升高，玫瑰花的香气会随之减弱，进而影响鲜花饼的风味。

✣云贵一带的甜点都喜用糯米、豆粉等做酥皮或是主料，甜味明显。比如贵州的碗耳糕、落口酥、板陈糕等点心也颇为有名。

11

糖油粑粑

糖油粑粑也是一道汉族小吃，起源于湖南长沙，造价低廉，是款非常受大众欢迎的草根点心。原料以糯米粉为主，油炸后色泽金黄，味道甜而不腻。

冰粉

冰粉是著名的汉族小吃，起源于明清时期的四川，主要原料为冰粉籽。口感冰凉清爽，颜色晶莹透明，冰粉本身并无味道，以红糖水为底汤，便有了甜味儿。

✣湖南、湖北、四川一带的甜食多以红糖、糯米为主料，油炸烹制较多，有名的还有糖油果子、桂花米酒汤圆等。

苏式糕点，甜透申城

✶✶✶

沈嘉禄 / interview & text
沈嘉禄 / photo courtesy

❍ 苏式糕点的“户口”（现在称非物质文化遗产保护地）在苏州，但上海成了它的“婆家”。若问上海诸多糕团店的来源，往往就在苏州。首先，上海与苏州近在咫尺，习俗相近，走动方便，赛过邻居加亲戚。❍ 第二层意思呢，上海人中有许多来自苏州。一百多年前，许多苏州人或为逃避兵燹，或主动来到上海寻工作，寻老公或寻老婆，最后寻到房子住下来，生了小人一个又一个，就算上海人了。但苏州籍的新上海人在趋时务新的大都会，还是顽强地保持了本乡本土的口味，有石库门生活经验的上海人一定记得，前客堂的苏州好婆炒盆春笋肉丝也要加点白糖，人家吃大块红烧肉，她偏要烧成更加小巧更加好看的樱桃肉。这点对研究饮食文化的人来说，是相当重要的信息。❍ 第三层意思，苏式糕点一直作为一种文化符号，确定着族群的身份。如果你跟邻家老太太谈得来，她就会很信任地告诉你：“我喜欢吃甜食。”❍ 别猜了，她肯定是苏州人。

● 这是船点中的一款粉点，以水果为造型，形象逼真，口感香、软、糯、滑，此外也有以其他植物和动物为造型来制作的。

● “艾叶团”又称青团，是中国南方部分地区清明节时的寒食名点，外皮多为糯米粉与浆麦草汁或是青艾汁混合而成。

✤ 喜欢吃甜食的不光是苏州老太太，还有说话时胡子会一翘一翘的苏州老头儿，只是他们一般不好意思跟小辈说罢了。他们已经觉察到，经历了新中国历次惊心动魄的政治运动后，爱吃甜食，似乎也被视作一种颇为小资的生活方式。你看到过码头工人有滋有味地享用一块薄薄的苏州蜜糕吗？不，他们爱吃最最顶饿的高庄馒头。

✤就好比罗马不是一天建成的，苏式糕点也不是一天做成的。苏州是人间天堂，富庶之地，万商云集，人文荟萃，有达官贵人，有归隐士绅，也有皇帝派下来的太监，经过数百年的熏陶，苏州人就非常懂得吃。当然，苏州糕点在唐宋年间就非常有名了，进入明代中期，苏州工商业的发展居于全国前列，农业方面呢，“苏湖熟，天下足”，农业生产的发展和农副产品的商品化，也为城市手工业生产提供了源源不断的原料，为工商业繁荣提供了条件。据古籍记载，明清两朝的苏州糕点有麻饼、月饼、巧果、松花饼、盘香饼、棋子饼、香脆饼、薄脆饼、油酥饺、粉糕、马蹄糕、雪糕、花糕、蜂糕、百果蜜糕、脂油糕、云片糕、火炙糕、定胜糕、年糕、乌米糕、三层玉带糕等。王仁和、野荸荠、稻香村、桂香村等百年老店也开张了，并获得了相当的人气。

✤今天，在一干苏州糕团店中，资格最老的大概是黄天源吧，它创建于清道光元年（1821 年），百十年来，茁壮成长。旧时，店家搭准市场脉搏，根据时令推出花色品种，比如正月初一供应糖年糕、猪油年糕、糕汤圆子，正月十五供应糖汤圆子，清明节供应青团子，四月十四日供应神仙糕，端午节供应各色粽子，六月供应绿豆糕、薄荷糕、米枫糕，七月十五日中元节供应豇豆糕，中秋节供应糖芋艿、糖油山芋、焐熟塘藕，重阳节供应重阳糕，十月供应南瓜团子，十一月冬至供应糯米团子，临近过年则供应各式年糕。周而复始，皆大欢喜。

✤苏州人注重礼节，黄天源就照苏州人的风俗习惯推出各种糕团礼品，比方讲，老年人做寿，它有寿团、寿糕供应；姑娘出嫁了，它有蜜糕、铺床团子供应；小孩满月和周岁生日讲究吃剃头团子和周岁团子；入学有扁团子；新屋上梁和乔迁之喜有定胜糕等，都可以到黄天源去预订。

✤黄天源旗舰店在观前街上，我每次去苏州，只要得空都会去转一转，买两盒糕团回沪，买得最多的则是大方糕。《苏州小食志》里记载：“春末夏初，大方糕上市，数十年前即有此品，每笼十六方，四周十二方系豆沙猪油，居中四

●“鸽蛋圆子”是船点中的一款粉点，以新鲜水磨粉和白芝麻为原料，香甜软糯，大小与造型均与鸽蛋相当。

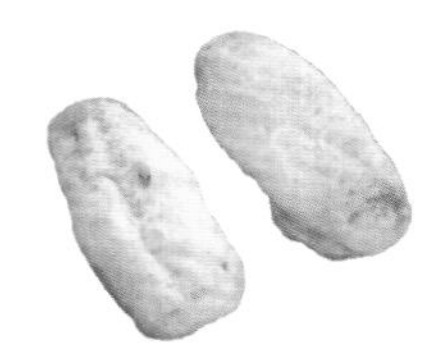

●“高丽玉兰”以新鲜玉兰花骨朵为原料，包裹瓜仁和豆沙，蘸蛋液、面粉之后炸制而成，入口有淡淡花香。

●“拎包酥”外形就如其名，形似女包，造型迷你别致，在其两侧还会蘸满芝麻，酥而不腻。

方系玫瑰白糖猪油。每日只出一笼，售完为止，其名贵可知。”当时苏州人买大方糕是坊间一景，市民在凌晨即去黄天源等开门，去得晚了就要空手而归。另一家名店桂香村也有大方糕应市，分玫瑰、百果、薄荷、豆沙四种，还有猪肉馅的。

✤不过，苏州朋友听说我钟情黄天源，不免嘿嘿一笑，再三询问，得知他们已不大吃黄天源糕团了，评价是“徒有虚名，出品太烂”。前不久在苏州东山碰到古建筑保护专家阮仪三先生，他从小在苏州生活求学，对黄天源也有感情，久居上海时时想念，但学生进呈的黄天源糕团却屡屡让他失望。这也是一般手工技艺在今天的一个缩影吧。

✤苏州除开市面上日常供应的糕团，还从船菜中分出一支，这就是船点。苏州作家王稼句先生在他的《姑苏食话》一书中，专门有一篇文章写到船点，“船点是配合船菜的，故而不但讲求它的香、软、糯、滑，还特别讲求色彩和造型”。因为船点是供达官贵人在花船上边听曲听观景边品茗而点饥的，不求饱肚，只求色香味形的赏心悦目，对舌尖的轻微刺激。船点的食材有两种，一是粉点，一是面点。粉点通常以动物、花果、吉祥物等做造型。粉点的染色纯粹靠天然食材，青豆末、南瓜泥、玫瑰花、红曲米、蛋黄末、黑芝麻、赤砂糖等都可以上色，现在还用上了可可粉、黑松露、杏仁片等，观赏性很强。面点分作酵面、呆面、酥面等，以酥面居多，与前者相比，讲究入口的味道，有八宝饭、萝卜丝酥饼、栗子糕、枣泥糕、虾仁春卷等，一律小巧玲珑，粗头乱服是上不了花船的。

✤ 20 世纪 80 年代，上海城隍庙的绿波廊从苏州引进船点后，经过一番提升，做得相当出色，与苏州本土比，优胜处多多，用来招待外国元首，各种颜色五彩缤纷，各种形象栩栩如生，均能博得一片喝彩。一般食客也能品尝到“简装船点”，不仅早茶午茶两市有桂花拉糕、萝卜丝酥饼、椒盐腰果酥、枣泥饼、葫芦酥等七八种船点用小车推至食客面前任意挑选，店家还有一种菜式叫作“雨夹雪”，上菜时在船点与菜肴间夹着上桌飨客，一席能品尝到六七种精美船点，令人多有期盼，齿颊生香。绿波廊前不久还创制了甜辣味的拎包酥，其外形就像一个 LV 包袋，发人一噱。

✤前些日，上海电视台《宴遇中国》摄制组到苏州东山会老堂拍专题片，江南食事的主题为果宴，我应邀前往扮演一吃货角色，有大快朵颐的机会，焉能错失？东山西山小水果风味十足，每年四五月份起渐次登盘，供人尝鲜，樱桃、枇杷、杨梅、柑橘、塘藕、红菱、地栗等，也都可以入菜。这场水果宴由苏州餐饮界老法师、原苏州饮服公司总经理、苏州烹饪协会会长华永根先生设计，亮点是用新摘的白沙枇杷，去皮去核，酿了太湖三白，以小水果的酸甜衬出湖中时鲜的隽永。

✤尤其是席中四道甜品，深谙苏州美食的要义，体现了花果在宴席中画龙点睛的作用。这四道甜品是传统三泥、冰镇蔗浆、玫瑰果炸、高丽玉兰。传统三泥是用山药、青豆和赤豆为食材，煮烂后滤出残渣，加熟猪油和白糖文火翻炒，不可过火也不可使之溏稀，最后在一个浅浅的大圆盘中分三格盛装，分别撒上干玫瑰花瓣、花生碎、糖桂花等。冰镇蔗浆我是第一次品尝，蔗浆在中国历史悠久，唐代宫廷中就出现了，在夏天做湿点是不可缺少的调味。甘蔗榨汁，煮沸后收去水分至稠，就成了蔗浆，再冲太湖藕粉，色似琥珀，莹莹可爱，入冰箱冻四小时，上桌前撒松仁和瓜仁，谁也挡不住。玫瑰果炸，食材为相粉（糯米粉与粳米粉对半，是苏州甜点的常用食材），将玫瑰酱、玫瑰花瓣与相粉仔细揉匀，馅心为豆沙，再加入适量的花生、瓜仁、核桃、松仁等，包裹后捏成长条状，在平底锅里煎至两面微焦，表面如哥窑般爆裂，色泽有清康熙豇豆红官窑器的美艳，一口咬下，花香馥郁。高丽玉兰，听上去跟高丽国有些渊博，但连华先生也说不清楚所为何来，有待考证。据他说，高丽是一种烹饪技法，将一种食物的表面浸泡在蛋清液中，夹出后再滚上粉面，入温油锅炸至表面松脆，非常考验厨艺。此法历史也相当久远，现在苏州及周边地区比较多的是高丽肉，我尝过几回，颇具古风。而此点是用新摘的广玉兰花骨朵为材料，洗净后用淡盐水浸泡去涩去苦味，内裹瓜仁和豆沙，外裹一层由鸡蛋液拌相粉的稀面，入温油锅炸至表面金黄。趁热上桌，一口咬下，淡雅的花香扑鼻而来。咀嚼之余不免暗暗自责：罪过罪过，唐突佳人啦！

✤以上几款甜食，《舌尖上的中国》都没有拍过，山外青山啊！

✤清代钱泳《履园丛话》中有记载：“近人以果子为菜者，其法始于僧尼家，颇有风味。如炒苹果，炒荸荠，炒藕丝、山药、栗片，以至于油煎白果、酱炒核桃、盐水熬花生之类，不可枚举。又花叶亦可为菜者，如胭脂叶、金雀花、韭菜花、菊花叶、玉兰瓣、荷花瓣、玫瑰花之类，愈出愈奇。”所以嘛，华先生设计的这四道花果甜点是有出处的。

✤苏式糕点与苏州的人文环境密不可分，经济繁荣，物产丰富，气候适宜，文人雅士云集，闲适优雅，书香四溢，加之移步换景的江南园林和小桥流水的城市格局，也潜移默化地熏陶了知书达理的市民阶层。苏州糕团以甜为主，讲究一个“糯”字，这不止是一种物理层面的口感，更是一种集体性格，具有软韧、绵长、细腻、华滋等内涵，与苏州方言、苏州评弹、苏州昆曲、苏州家具、苏州牙雕、苏州玉雕、苏州漆器、苏州银器、苏州刺绣、苏州服饰、苏州剪纸、苏州纸扇等都是相对应的。

✤而这些，也应该是海派文化所追求的一重境界。

✤但也怪，新文化运动的小说和电影里，革命者似乎都是爱吃甜食的，这种属于小资后遗症的嗜好，冲淡了暴戾与杀气。“文革”初期，一帮穿军装束皮带的北方红卫兵来到上海，在八仙桥一家糕团店前徘徊不走，看到我正好路过，就一把拉住，向我索讨粮票。我皮夹子里正好有一点粮票，全部贡献出去。他们每人吃了一个双酿团，表情十分幸福。一个大哥跟我说：他们从小就知道上海有双酿团，但一直没见过，今天总算如愿以偿了。吃完，抹抹嘴，继续赶路。

✤八仙桥这家糕团店离我家不远，所以我要解馋也经常往那里跑。它开在转角上，每天上午下午两市供应苏式糕点。这些糕团以糯米、粳米为主料，比如双酿团、粢毛团、松花团、玫瑰方糕、条头糕、黄松糕、赤豆糕、蜜糕、寿桃、定胜糕、苔条炸饺等。松花团表面金黄，是因为裹了一层松花粉，毛茸茸的十分可爱。《舌尖上的中国》有农民采集松花粉的场景，生动感人。现在很少有松花团供应了，老师傅告诉我：松花粉常常断档。

✤寿桃和定胜糕是礼仪性相当强的糕点，它承担了民俗学意义的任务。现在还是这样，乔迁、寿庆，买上一些分送亲朋好友。玫瑰方糕，馅心是豆沙的，也有绿豆沙的，颜色直透米粉皮子，有寿山石中桃花冻的效果，咬一口，还有一股直沁脑门的薄荷味。蜜糕是苏式糕团中的贵族，薄薄一片，和田玉般滋润的糯米糕中嵌了百果，每咬一小口，就会有惊喜的发现。据说在科举时代，童生参加

● 小葫芦与小玉米有异曲同工之妙，都属于以植物为造型的粉点，小巧玲珑，口感甜糯清爽。

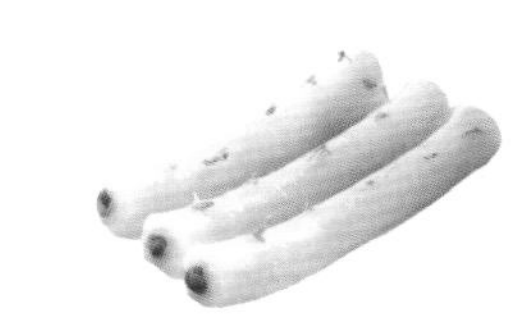

● “条头糕”以糯米粉为原料，卷上豆沙，再揉成长条，揉时要保证“三光”，即手光、碗光、面光，最后用桂花末点缀。

● “玉梨酥”属船点中的一款面点，酥面外皮，以白梨为造型，小巧别致，入口酥甜。

◎“玫瑰果炸”以糯米粉、粳米粉、玫瑰酱和玫瑰花瓣为外皮原料，馅心以豆沙为主，再混入果仁等食材，捏成长条煎制而成，入口花香馥郁。

考试，须准备考食，以蜜糕为大宗，所以在苏州一带，考试也被称为“吃蜜糕”。

✤我最喜欢吃双酿团，一口咬下，露出一层浅褐色的豆沙，再咬一口，就会喷出黑洋酥来。双酿团是带有悬念的点心，有更上一层楼的诗意。前不久微博上有人为双酿团的“双酿”构成问题吵起来，问我，我就如我所见回答了，争吵双方立马偃旗息鼓，看来现在的小青年也不常有机会吃到双酿团。

✤旧时价格，黄松糕、赤豆糕最便宜，四分。条头糕五分，粢毛团、松花团六分，双酿团七分，蜜糕最贵，一角。王稼句在《姑苏食话》中也对黄松糕多有夸赞：“……黄松糕，为最常见的苏式糕点。吴江盛泽所出松糕颇有盛名，咸丰九年（1859）秋英国人呤唎去盛泽采办蚕丝，在那里吃到了松糕，留下深刻印象，他在《太平天国革命亲历记》中特记一笔：‘我特别记住了盛泽，因为我在这里吃到了中国最美味的松糕。’……李渔《闲情偶记》卷五说：‘糕贵乎松，饼利于薄。’由松糕之制即能领悟李笠翁的旨趣。”

✤这家糕团在20世纪80年代就没了。

✤金陵东路上有一家天香斋，小笼做得好，糕团也长年不断。夏天有薄荷糕应市，这种米糕外皮虽松且薄，但浅绿的馅心不至于“脱颖而出”，嗅之还有一股淡雅的清香，咬一口在嘴里盘起，再轻吸一口气，口腔里顿时凉丝丝的，无比舒坦。后来这家店说没就没了。南京路上的沈大成和王家沙以及开了不少分店的五芳斋、乔家栅，都是有点年头的老字号，到今天还是苏式糕团供应的大户，每逢重要节气都会出现市民排队购买青团、重阳糕或八宝饭的盛况。但一个老师傅又实话告诉我，现在种稻都要施化肥，成熟期缩短，所以不及过去的糯米那般香糯，做出来的糕团吃口也差远哉！怪不得阿拉手艺人的。

✤我去韩国济州岛，看到当地民众打糯米糕，方法与江南民俗相仿，大块糯米团搁在木盆里，面对面站两个阿玛妮，木榔头你一下我一下地打，直至又糯又韧，揪下一小块儿用粽箬垫着吃，因为滚了芝麻白糖，类似已匿迹的上海乔家栅擂沙圆，口感极佳。韩国人已经将端午节成功申报为他们的文化遗产了，接下来又有企业瞄准了豆浆，是不是还要将我们的苏式糕点也一并包揽过去啊？若是真有这一天，苏州阿婆决计不答应！

那些流进血液的法式甜味

✶✶✶

邵梦莹 / text & edit

○ 法国人对甜点的爱，从街上鳞次栉比的甜点店，以及其中簇拥的食客就可感受得到。那些安安静静的、历经了数个世纪的小甜点，或许少许改变了外形，或许增添了更多口味，但不变的是时光沉淀下来的优雅气质与精致工艺，从口感、味道到造型，都倾注了足够多的爱意与想象。当然，深爱这些法式甜味的可不只是法国人，很多经典法式甜点早已红遍全球，但关于它们背后的故事，你可有听说？

● photo: 高级甜品师 Eason

Religieuse

修女泡芙

✤ 修女泡芙是一款历史悠久的甜点，法文原名为 Religieuse，意即修女。小麦粉、牛奶、鸡蛋和黄油为主要原料。修女泡芙于 19 世纪 50 年代在巴黎正式问世，创造者是当时的一位冰激凌师 Frascati，他将一大一小两个泡芙上下相叠，中间和顶端用奶油糖霜固定，并以奶油滚边，做出一圈如同修女服白色衣领般的装饰，相传就是因此得名"修女泡芙"。看过《布达佩斯大饭店》的人，想必不会忘记阿加莎做的那些拯救生命的甜点，而那甜点的原型就是修女泡芙。

● photo: 北京金融街丽思卡尔顿酒店

Macaron

马卡龙

✤ 马卡龙又称玛卡龙、法式小圆饼，是法国西边维埃纳省最著名的地方美食，它由蛋白、杏仁粉、糖粉和白砂糖为原料制成。马卡龙最早出现在意大利的修道院，一位名叫 Carmelie 的修女用杏仁粉做了一种小圆饼，也就是马卡龙的前身。1533 年，随着佛罗伦斯共和国公主与法兰西国王亨利二世结婚，意大利的饮食文化也被带到了法国，当然也包括这款小圆饼。20 世纪初，巴黎的一位甜点师对杏仁小圆饼进行了改造，将甜美的膏状馅料夹入两片圆饼之间，于是形成了如今所见的马卡龙。马卡龙为什么会有"裙边"？因为马卡龙面糊黏性很高，放置在通风处容易形成硬壳，所以烘焙时表面定形较快，内部升温膨胀时只能向底部延伸，因此就形成了一层标志性的"裙边"。

● photo: 巧厨食品专营店

Souffle

舒芙蕾

✤ 舒芙蕾又称梳乎厘、蛋奶酥，是世界公认的最难做的甜点之一，由面粉、蛋白、蛋黄、牛奶和白砂糖等原料制成，质轻而蓬松，烤制后必须趁快享用，否则内部会很快坍塌。Souffle 在法语中的意思就是"使充气"或"使蓬松起来"。相传舒芙蕾诞生于 18 世纪后期，当时欧洲社会风气奢靡，人们在吃上面花的时间远多于工作的时间，有位厨师就发明了这款暗讽"过度膨胀的虚无物质主义"的糕点，虽然外表丰腴，可是经过时间的冲刷，最终会显现出虚无的本质。如今很多舒芙蕾还加有蔬菜水果等元素，比如苹果 Souffle、香蕉 Souffle、蜜桃 Souffle、巧克力 Souffle 等。

Opera
欧培拉

✤ 欧培拉在法文中为“Opéra”，意为歌剧院，所以欧培拉蛋糕也称歌剧院蛋糕。相传是因此款蛋糕外形方正，表面还有薄薄的一层黑色巧克力，很像法国歌剧院的大舞台；也另有一说称，创造出欧培拉的店铺就在歌剧院旁边，所以称为欧培拉。传统的欧培拉蛋糕共有六层，三层浸过咖啡糖浆的杏仁海绵蛋糕、两层咖啡奶油馅和一层巧克力奶油馅，最后还要淋上光可鉴人的镜面巧克力酱，一口下去多层复杂的口感，犹如在看高潮迭起的歌剧一般。

Chocolate Mousse
巧克力慕斯

✤ 慕斯蛋糕的英文是 Mousse，是一种奶冻式的甜点，可以直接吃或做蛋糕夹层，口感松软柔滑，入口即化，其中最有名的为巧克力慕斯。慕斯主要含有三种原料：蛋白、蛋黄和鲜奶油，这三样食材分别与砂糖单独打发，再混入一起搅拌，所以口感柔软绵润，有点像打发过的鲜奶油，最后加入琼脂或鱼胶粉来形成浓稠冻状效果，冷冻后食用更佳。

Mont-Blanc
蒙布朗

✤ 也称法式栗子蛋糕，最早是以栗子泥为主原料，生奶油为配料，后来又发展出巧克力、香草等各个口味的蒙布朗。其外观其实是以阿尔卑斯山最高峰勃朗峰（Mt. Blanc）为原型，因为勃朗峰山顶常年积雪，只有到秋冬树木枯萎才显露出褐色，而栗子刚好在秋天成熟，栗子泥的颜色与秋季的勃朗峰很像，故以此峰来命名这款栗子蛋糕。所以最初的蒙布朗就只有栗子口味的，后出现的口味都属于衍生版。

● photo: MOMOKO

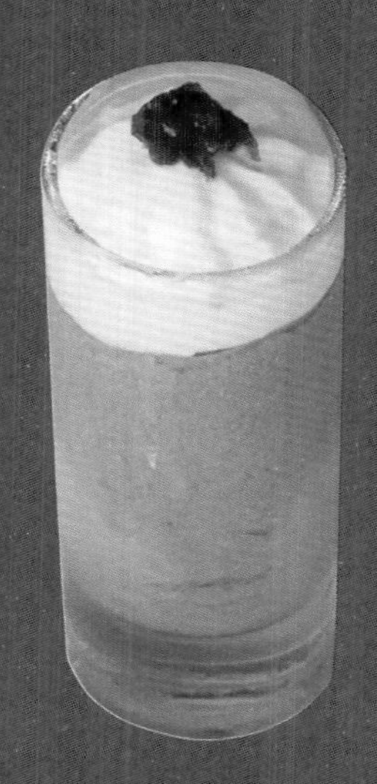

● photo: Agnes_Huan 歡

● photo: MOMOKO

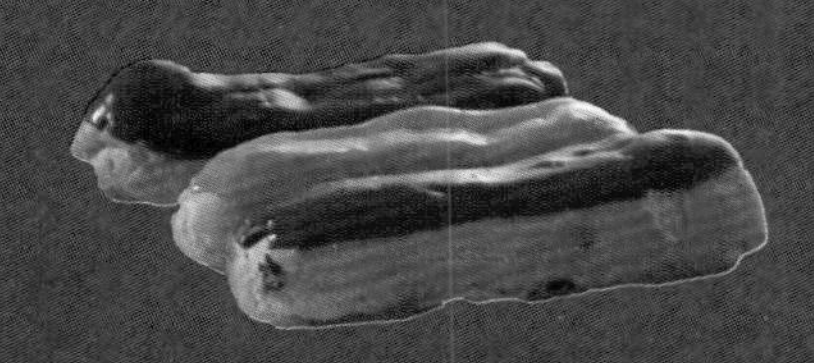

photo: Agnes_Huan 歡

Eclair

闪电泡芙

✤ 闪电泡芙是一款非常经典的法国小甜点，于 19 世纪 60 年代由法国大厨安东尼·卡汉姆发明，具有极浓郁的法国浪漫气息。其外形修长优雅，酥皮松脆，内里奶油丰富饱满，许多法国人对它都有很深的热爱。闪电泡芙名字的起源，大抵有三种说法，一是因怕闪电泡芙的奶油内馅流出，所以需要以闪电般的速度吃完；二是闪电泡芙最原始的巧克力外壳炫丽光亮有如闪电；三是因闪电泡芙在烤制时，其裂开的表皮如同闪电一般。无论哪种说法，都可看出人们对闪电泡芙的喜爱。

photo: Agnes_Huan 歡

Madeleines

玛德琳

✤ 也称贝壳蛋糕，是法国传统小点心。原料主要有低筋面粉、黄油、鸡蛋，玛德琳通常用带有贝壳纹路的固定模具来烤制，但评价玛德琳的标准其实不在于贝壳花纹，而是其背面的突起，突起越高说明做得越成功。法国大文豪马塞尔·普鲁斯特曾在他的长篇巨著《追忆似水年华》中多次描写玛德琳蛋糕，他称玛德琳是一种丰腴、性感，但褶皱却显得严肃、虔诚的小点心，总是能勾起他脑海深处的记忆。

photo: Awfully Chocolate

Creme Brulee

烤布蕾

✤ 烤布蕾是一款法国传统甜点，也称法式炖蛋、法式焦糖布丁等，原料主要采用鸡蛋和奶油，外面是一层烤化的脆焦糖外壳，里面是冰凉可口的奶油布丁。这种甜点最早出现在 1691 年，由当时一位法国贵族大厨 François Massialot（弗朗索瓦·玛西亚洛）所创造，他还将这道甜点写进了他的著作《烹饪——从王室到贵族》（*Le Cuisinier Roïal et Bourgeois*）一书中，称其为 Crème brûlé，意为"烧焦的奶油"。

photo: MOMOKO

Mille-Feuille

拿破仑

✤ 拿破仑是一种法式千层酥，Mille-Feuille 是它的法文名字，意思是有一千层酥皮，英文名字则是 Napoleon。但这款甜点与拿破仑本人其实没什么关系。据说当时法语中用 Napolitain（法语中意为"那不勒斯的"）来形容这款甜点采用了意大利糕点制作方式，而英国人阴差阳错地理解成了这是以法国皇帝拿破仑的名字命名的甜点，传到中国时也被翻译成了"拿破仑"。最传统的拿破仑其实酥皮层数非常多，而现代多是由三层酥皮夹裹两层奶油而成，再融入各种水果、巧克力等，口味日趋丰富。。

一个人的温柔时刻：在家做甜品

✶ ✶ ✶

陈晗 / text
Satsuki, Dora / photo courtesy
大越 ,i 烘焙 / 特别协力

❍ 偶尔在家烘焙些甜点犒劳下自己，真是美事，若有不甚复杂的良方，则更佳了。我们在尝试数十种甜点食谱之后，终选出其中制作难度较低、失败率低、食材易买，且着实美味的四种 ：蓝莓芝士挞、蜂蜜玛德琳、全素椰香燕麦饼干、全素香蕉蛋糕，无论你是烘焙高手还是入门菜鸟，都值得在家一试。

◂◂◂◂ 准备道具 ▸▸▸▸

✤搅拌碗大、小各一个✤活底挞盘一个
✤咕咕霍夫硅胶模一个
✤刮刀一个✤电动打蛋器一个
✤电子秤一个
✤手动打蛋器一个✤量杯一个
✤玛德琳专用烤盘一个
✤量勺一组✤硅胶刷一个
✤厨房刀具一把

蓝莓芝士挞

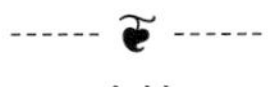

◂◂◂◂ 食材 ▸▸▸▸

✤低筋面粉 / 125 克
✤黄油 / 60 克
✤鸡蛋 / 1 个

✤奶油奶酪 / 80 克
✤淡奶油 / 80 克
✤盐 / 适量
✤细砂糖 / 10 克

✤蓝莓 / 150 克

※※※

◂◂◂◂ 制作方法 ▸▸▸▸

❶先用 A 制作挞皮：将黄油切成小块儿，放入过筛的低筋面粉中，搓成粗粒后打入鸡蛋，用电动打蛋器搅拌均匀，和成面团，包上保鲜膜，放入冰箱冷藏 30 分钟至 1 小时；

❷用 B 制作挞液：将 B 中材料混合均匀（电动手动皆可）；

❸烤箱预热 200℃ ；取出冷藏好的挞皮面团，擀成约 5 毫米厚的挞皮，盖在挞盘上扣出形状，去掉多余挞皮；

❹倒入挞液，移至烤箱烤 20~30 分钟（根据烤箱情况调整），取出后摆上新鲜蓝莓。

蜂蜜玛德琳

◂◂◂◂ 食材 ▸▸▸▸

A

✤鸡蛋 / 1 个

✤细砂糖 / 40 克

B

✤低筋面粉 / 60 克

✤泡打粉 / 2 克

C

✤黄油 / 50 克

✤蜂蜜 / 15 克

D

✤黄油 / 少许

※※※

◂◂◂◂ 制作方法 ▸▸▸▸

❶将 A 中材料混合均匀，
加入 B 中过筛的粉类，
拌匀后倒入 C 中熔化的黄油和蜂蜜，
搅拌均匀，
放入冰箱冷藏至少 2 小时；

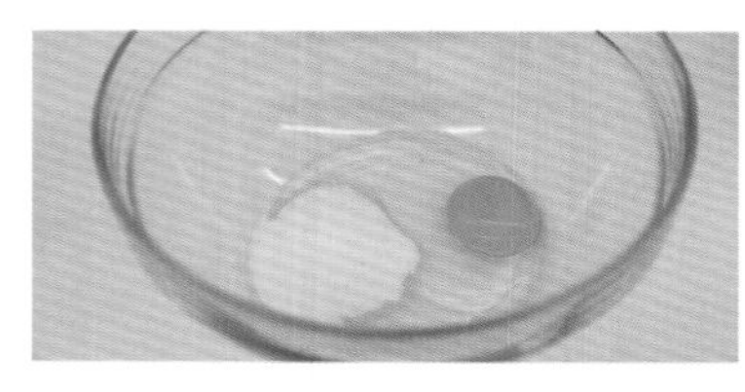

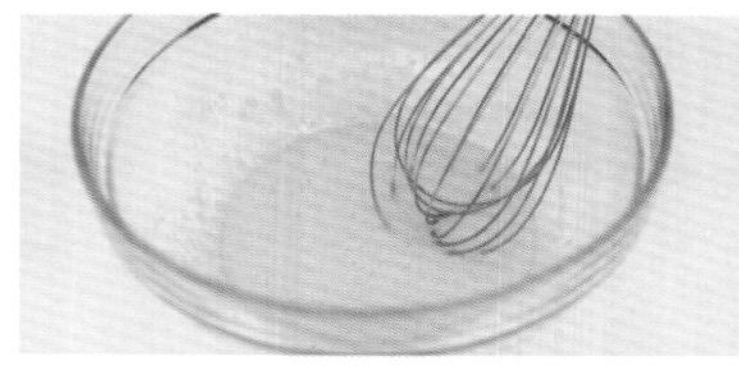

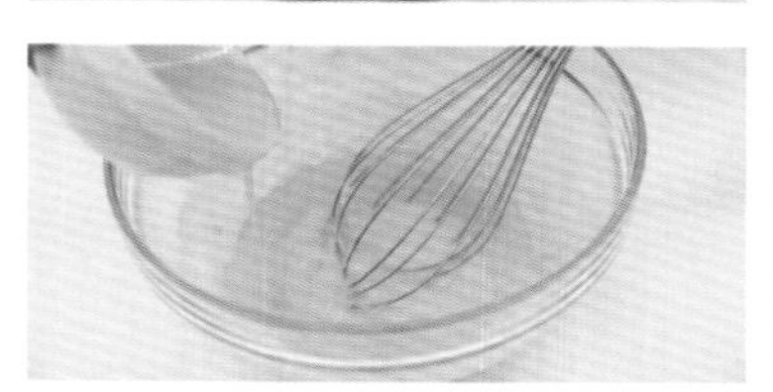

❷烤箱预热 180℃；
将玛德琳模具均匀刷上一层 D 中的黄油，
取出冷藏好的混合液，
倒入模具中，
移至烤箱中，
烤约 20 分钟即可
（取出后可趁热再刷一层蜂蜜）。

全素椰香燕麦饼干

◂◂◂◂ 食材 ▸▸▸▸

A

✤低筋面粉 /55 克

✤燕麦片 /45 克

✤细砂糖 /40 克

✤盐 / 少许

B

✤玉米油 /40 克

✤椰浆 /40 克

C

✤椰子片 / 少许

✤综合果仁 / 少许

D

✤装饰用蜂蜜 / 少许

＊＊＊

◂◂◂◂ **制作方法** ▸▸▸▸

❶将烤箱预热 170℃ ;
将 A 中燕麦片切碎，
与 A 中其他材料混合均匀;

❷另取一小碗，倒入 B 中材料，
混合均匀; 将 B 倒入 A 中，
和成面团，加入 C，揉匀;

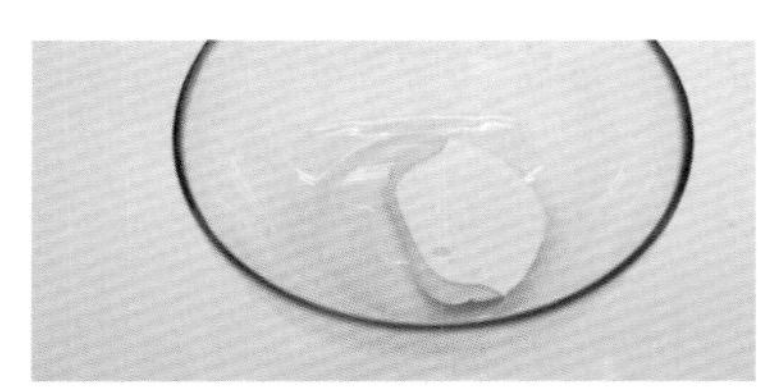

❸将面团滚成小球，压扁成片，
均匀刷上
D 中的蜂蜜;
烤箱温度降至 160℃，
放入材料，烤 20~25 分钟即可。

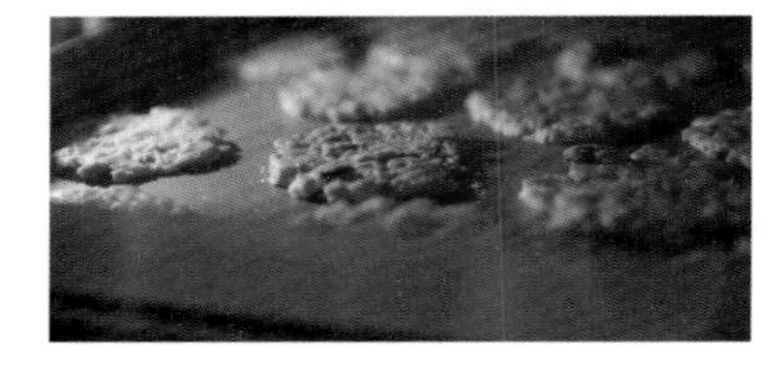

全素香蕉蛋糕

◂◂◂◂ **食材** ▸▸▸▸

A

✣低筋面粉 /100 克
✣泡打粉 /5 克

B

✣玉米油 /40 毫升
✣豆腐 /30 克
✣细砂糖 /25 克
✣红糖 /15 克
✣盐 / 少许

✣香蕉 /60 克
✣豆浆 /100 克

✣融化巧克力 /20 克

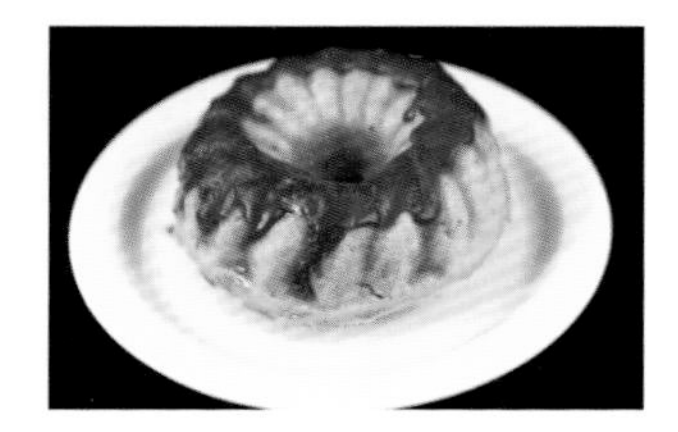

＊＊＊

◂◂◂◂ **制作方法** ▸▸▸▸

❶烤箱预热 170℃ ;
将 A 中材料过筛;
将 B 中材料混合均匀;
将 C 中材料搅拌成泥;

❷将 B 和 C 混合均匀，
再倒入 A，
用刮刀轻柔翻拌至无较大结块，
即可倒入模具;

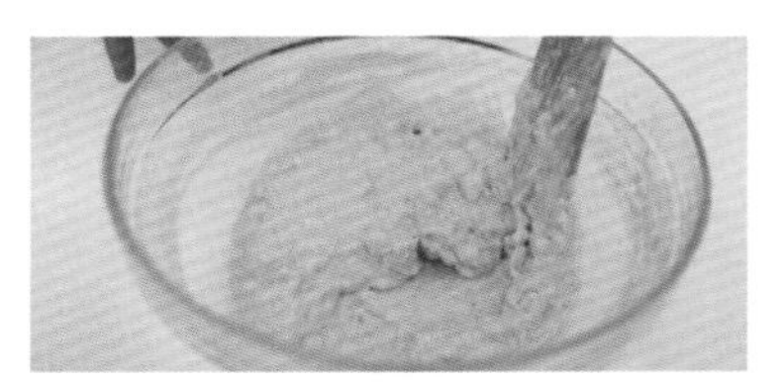

❸移至烤箱中，
烤 45 分钟左右;
取出倒上融化巧克力装饰即可。

英式下午茶：品出来的绅士感

❍ 英式下午茶大抵是一直给人以优雅、绅士印象的英国人，保持得最好的传统了。饮茶时要润饮；品点心时则慢尝；交谈要轻声细语；言行举止要优雅从容。如今的下午茶礼仪虽已简化许多，自家享用更是以舒适、轻松为主，但是营造点小气氛，把玩点小情趣，却也是必不可少的。不少英国人则是就算一个人，也要享用全套的下午茶茶点，像是一种固执的浪漫，无论如何也不敷衍自己。而今英国人每天消费的茶仍然可达 1.65 亿杯！这下午茶究竟是有什么样的魔力让英国人如此着迷？

✶✶✶

金梦 / text & edit
Chami / illustration

茶叶小史

✣ 英国人对茶的痴迷，早在 17 世纪中期就开始了，当时大不列颠东印度公司支配了进口到英国的茶叶，所以那时享用茶叶对英国人来说是极其方便的，再者由于当时英国正和西班牙、法国打仗，所以没办法进口到地中海的咖啡，于是欧洲其他国家都在享用咖啡时，只有英国人在享用茶。

● Anna Maria Stanhope, Duchess of Bedford (3 September 1783 - 3 July 1857), 1820.

下午茶的来源

✣ 说起下午茶的起源，则要感谢一位“饥肠辘辘”的女伯爵。在英国维多利亚时代，公元 1840 年，那时的英国贵族女性不用外出工作，每天吃过丰盛的早餐、简单的午餐，就等着吃晚上八点左右才开始的晚餐。而从午餐到晚餐间有这么一大段的空档，漫长难熬，还伴随着饥肠辘辘，如何是好？一位叫安娜·拉塞尔的贝德福德公爵夫人想到一个办法，她叫女仆准备少许茶点，配上一壶香气十足的红茶，吃着点心喝着茶，午后时光便轻松消磨过去。

✣ 后来安娜觉得一人品茶也甚是寂寞，便邀闺中好友一起，没想到此举竟在贵族名媛圈中传开，引领起一种风尚。后来这位公爵夫人的好友维多利亚女王，通过她的白金汉宫茶会将下午茶正式化，就这样，最早的“维多利亚下午茶”诞生了。

Mimi & Wangwang

食
帖
WithEating
别册

part A

一只鸡、两只猫、三个人的白日梦

张奕超／interview & text
Sara Tasker ／ photo courtesy

profile

Sara Tasker
Instagram：@me_and_orla
“iPhone 摄影师”，出生于英国曼彻斯特，2014 年夏天与丈夫 Rory、女儿 Orla 搬到英国约克郡的一个村庄，现家庭成员有 Rory、Orla，两只猫与一只鸡。

出生在大城市的人，与空气污染和交通阻塞为伴，似乎已成习惯，毕竟还有逛不完的街和泡不完的吧，以及大城市的光环。很多人为了下一代的教育，也情愿来到大城市打拼，何况是城市的“原住民”呢？Sara Tasker 却是个例外。她出生在英国第二繁华的城市曼彻斯特，读书、工作、结婚、生女都在那儿。2014 年，他们一家三口却决定搬离都市，去往英国约克郡的一个小村庄，住进一栋已有 230 年历史的老房子，和一只鸡、两只猫一起，过起了乡村生活。

小时候 Sara 爱做白日梦，想象马路是河流，车辆是轮船，而房屋和天上的云，则是白雪覆盖群山。有时她甚至不确定到底哪一个是真的，远处到底是山还是房屋？有一件事让孩童时期的她更加迷惑：她为玩具们编了一处用以居住的异国土地，命名为“California”，后来她发现，这个编出来的名字，竟是真实存在的美国加利福尼亚州。

Sara 高中毕业后的理想是当作家，本科读语言学，毕业后从事了十年的语言障碍治疗相关工作。大部分人长大后就会忘记孩童时期的想象，疲于生计，而 Sara 还在做白日梦。上班途中路过曼彻斯特议会大楼，她常眯缝起眼睛盯着它看，想象这里曾是海滩和山丘时的样子。睡前她会在床上找一个能看见最多天空的角度躺下。

“后来，我们搬家了。现在我从家里的窗望出去，所有事物都是真的，白雪笼罩着山谷，绵延不断的群山，和没有一丝遮挡的天空。”Sara 说。

约克郡的房子被 Sara 称为“dream house”，几乎每一个细节都是她梦寐以求的：厨房宽敞明亮，木地板咯吱作响，用真正的柴火取暖，冬天整间屋子都飘着温暖的木头香。家里不需要买电视，随便哪个窗户望出去就是风景。

Sara 通过手机摄影作品与文字分享自己的生活，大部分是关于女儿、美食和宠物，文风很幽默。下面这段节选自她的博文《一位长羽毛的客人》，讲述了自认女王的母鸡 Matilda 的故事。

“我厨房里有只母鸡。如果它不在厨房，那么或是在沙发上坐着，或是在散热器旁睡觉，最多就是在大门那儿啄窗户。我不确定它是否真的知道当只鸡意味着什么。很多年来我们一直把它养在外面，它有过两个同伴，但是我们失去了它们。所以 Matilda 决定把我们当作它最后的同伴，要纠正它这个想法说实话也挺残酷的……它会在黄昏时等我们回家开门，第一个带头进屋，先到厨房啄点我们早餐掉的面包屑，再整理一会儿羽毛（比我花在自己头发上的时间都长），然后从猫的碗里喝水，再躺猫的床上睡觉……如果我把它锁在外面，它就会拼命叫，所以我做了正常人会做的事，开门让它进来。”

这么看来，两只猫的日子过得不太容易啊。

两只猫分别叫 Earl 和 Grey，它们来了以后，老鼠和蜘蛛变少了。

Interview 食帖 × Sara

Sara 一家在英国约克郡的房子已有 230 年历史，古老的外墙上覆着厚厚的藤蔓，秋天火红，夏天墨绿，春天则开满了粉红色的花，看起来像草莓冰激凌。

你现在做什么工作？

其实我还在考虑具体该用哪个词来描述我现在做的事。摄影师可能比较接近，所以有时我会自称"iPhone 摄影师"或"生活方式摄影师"。当然，我还是一位母亲！我始终很喜欢语言工作，但摄影与它不同，更具有创造性。做治疗工作时，我总有种自己的潜能尚未被完全挖掘的感觉，何况做了那么多年，工作也有些缺乏挑战性了。过去我常帮助患有自闭症的孩子们，学习用符号和图画与人沟通。我想这些经验在现在的摄影作品里也发挥了作用，同样是通过一个个画面，去表达一些东西。

是什么让你最终决定离开曼彻斯特，搬到约克郡？

成为父母后，我和 Rory 对"生活中什么最重要"的看法改变了。当时 Orla 还很小，我在休产假，城市让人感觉污染很重，很幽闭，而且有一种奇怪的孤独感。现在我们来到了约克郡，终于有了尽情呼吸的空间，也交到了很多好朋友。

请介绍一下你的 dream house。

我们家一共有三层。一楼过去是村里的糖果店；楼上曾用于举办当地的舞会。家里有很多超大的窗户，透过窗可以看到绿色山丘和赤裸石墙。厨房是用 20 世纪 40 年代的商店柜台和橱柜改建的。我叫它"dream house"是因为它真的太棒了，住在里面的感觉就是梦想成真！

两只猫和母鸡是什么时候来到你们家的？

母鸡 Matilda 已经来我们家好几年了，两只猫是 2014 年秋天养的。当时刚搬到乡下新房，发现这里有好多小老鼠和大蜘蛛，吓死我了！所以养了两只猫，现在情况改善了很多，看来它们干得不错。此外，它们也是超棒的宠物，都很乖，只需要日常照料，很省心。猫可以通过猫洞进出屋子，我们外出时，邻居会帮忙喂猫和 Matilda。

两只猫叫什么？它们跟母鸡 Matilda 关系如何？

我们用伯爵茶（Earl Grey Tea）给它们命名，分别叫 Earl 和 Grey。Matilda 依旧是我们的老大，统治着猫、我们三人，甚至来做客的小狗！有几次，小猫被它尾巴上的羽毛逗得忍不住了，想玩一玩，但它用力一啄，小猫立马跑得老远。

家里的母鸡 Matilda，才是这个家的老大。Sara 怀疑它是否知道自己是一只鸡。

Sara 带着 Orla 去拜访朋友，尽管朋友的女儿比 Orla 年龄大三倍，两人还是在海边玩得很开心。

Orla 爱在地上爬，这时 Matilda 就会在一边看着，似乎是在看护她。

你会教 Orla 怎么对待家里的动物们吗？

很庆幸，家里两只猫对 Orla 友善又温顺——甚至愿意待在婴儿车里，任由 Orla 把它们推来推去！孩子和动物一起长大是非常好的，通过与动物相处，他们能学会自信，也更能亲身理解生死与自然。猫和 Orla 也有不愉快，每次猫想玩 Orla 的玩具时，她总是不太开心。我们就告诉 Orla 要学会分享，而猫不能完全理解我们的语言，所以对猫要更有耐心。我们也教 Orla 如何抚摸猫咪，边摸边告诉她“要温柔”，现在大部分时候 Orla 都对猫很好。

你喜欢把所有的事物刷成白色，Orla 则喜欢涂鸦。这个“矛盾”怎么解决？

把所有东西都刷成纯白的最大好处是它们很好打理。你可以用漂白剂清洁，完全不需要担心它们会褪色，而且如果要重新上漆也很轻松，只有一种颜色，无须考虑颜色搭配。Orla 很喜欢把脏手印印在厨房的墙上，还喜欢在卧室墙上拿笔涂鸦。以后我会把它们洗掉或者重新刷一遍漆，但现在我会保留它们，来提醒我她有多可爱。

家里的人都喜欢吃你做的什么菜？

我很爱烹饪，也喜欢从头开始准备一顿饭的整个过程。Orla 和 Rory 都喜欢吃我做的意大利菜，尤其是罗马白汁意面（用培根、蘑菇、鸡蛋和帕尔玛奶酪做成）和意大利饭（risotto）。我本人很喜欢健康食物，目前最喜欢的一道菜是藜麦配法国炖菜（ratatouille）和菲达奶酪碎。

你做饭时 Orla 会帮忙吗？

Orla 一岁时很喜欢“做饭”。给她一碗水和勺子，她能搅着玩好几个小时不会腻。现在她两岁多了，会帮忙切较软的食物，揉面包和给水果挤汁。昨晚我们刚做了一款很简单的柠檬芝麻菜意面。

请描述一个全家人一起度过的理想周末上午。

我最喜欢的周末是待在家的日子。我们一起醒来，坐在床上为 Orla 读书，两只小猫就在我们脚边玩耍或睡觉。过一会儿我们一起下楼煮咖啡——Orla 有个玩具咖啡机，我煮咖啡时她也煮。家里还有一个 AGA 炉（一种老式铸铁炉），天冷的时候，我一做饭猫咪们就会躺在炉边睡觉。周末的早餐我们通常吃得很“堕落”，比如肉桂卷和草莓酱羊角面包。如果 Matilda 下了蛋，我会拿它们做松饼（pancake）配枫糖浆。

Sara 做吐司时，Orla 会帮忙揉面。

Sara做的开心果蛋糕配玫瑰酸奶。

Sara 最喜欢的周末是全家人一起待在家，慢悠悠地起床，为 Orla 读书，煮咖啡，做早餐。

如果人人都养一只小猫或小狗，世界就会和平

张奕超／interview & text

Farah Guy／photo courtesy

profile

Farah Guy
Instagram：@findfarah
精神科医生，与丈夫 Tom Guy 和 6 岁暹罗猫 Nonami 一起生活在美国俄勒冈州的波特兰，喜欢美食、动物、徒步和旅行。

初识 Farah 是因她的 Instagram，上面的美食图片总以纯色做底，食材整齐地码放着，和谐的排列美感竟比烹制后的成品图还胜几分。除了美食，有着淡青色明亮眼睛的暹罗猫 Nonami，美国俄勒冈州波特兰的森林河流，和丈夫 Tom 与好友一起分享美食的画面，一起勾勒出一个非常热爱生活的女孩。直到看到她发了一条动态："终于结束了 25 年的学习生涯！今天终于从实习医生期毕业啦！"才知她是一位精神科医生，刚刚结束在俄勒冈健康与科学大学的住院实习。在美国，读医竞争激烈，读完学位后还需进行几年的住院实习，学习强度很大。Farah 先在得克萨斯州住院实习了三年，去年因为 Tom 的工作转到俄勒冈州进行最后一年实习。工作和学习已经无比忙碌，她还常常上传猫咪和美食照片，不忘记享受生活，这份对生活的热情着实动人。

Farah 的丈夫 Tom 是 Nike 公司的艺术指导，两人在波特兰的家色调纯白，夹杂少许黑色与原木色，不施浓墨重彩。冷冰冰的白色反而给人一种温暖感，或许是因为墙上挂着 Tom 拍摄的照片，也或许是因为喜欢依偎和撒娇的猫咪 Nonami，又可能是因那点缀着鲜花绿植的小角落。

Interview 食帖 × Farah

纯黑色背景上，食材本身的色彩与形状被细心排列，Farah 管这张照片叫“吃彩虹”。

请简单介绍一下自己。

我的童年是在伊朗和孟加拉国度过的，9 岁时搬到了美国。许多年来我都住在得克萨斯州，去年因为 Tom 的工作搬到俄勒冈州。其实我不太确定哪座城市是我心中的家乡，但让我最有归属感的是得克萨斯州的奥斯汀。在波特兰的生活很有趣，大部分时间当然是忙于工作，一有空我就会烘焙、徒步或是享受和 Tom、Nonami 在一起的时光。这座城市有很多有趣的户外活动，本地产的新鲜食材，美食氛围超棒！

Nonami 是你从动物收容所里领养回来的？

是的，2009 年，我还在得克萨斯州加尔维斯顿读医学院，恰好赶上一场飓风，整座岛遭受严重洪灾。当时动物收容所被洪水淹了，它们都被转移到警察局。我去捐赠物资，恰好遇见了这只可爱的小猫。本来家里已有一只，没打算领养，但我第一眼就喜欢上她了，她当时只有 2 磅（约 1 千克）重！

当天我就跟他们说我想领养，收容所的人说得起个名字。因为我一点准备也没有，就临时决定叫她 Nonami，意思是 no name（没有名字）。Nonami 是最贴心

Farah 与丈夫 Tom Guy 于 2013 年结婚。Tom 是 Nike 公司的艺术指导，喜欢风景和人像摄影，教会了 Farah 摄影和后期知识。

的猫咪了！她连一只虫子都不忍伤害，而且天生能感知人类的情绪。在我最艰难的日子里，她总能抚慰我的心。

你对把家里养的动物放到收容所这一行为怎么看？

养动物是一种重大的责任。它们需要时间、感情、空间和财物的投入。但是相比它们所需要的，它们回报的会是成百上千倍。有时人们因为性格、经济情况、居住情况，或低估了养宠物所需的资源，而没能力照顾好它们。另外，不为自己的宠物绝育也是一个原因。似乎有无穷无尽的原因，导致动物们出现在收容所。

我不愿责备那些因为自己没有能力照顾，而把动物放到收容所的人。我想，把动物放到收容所，寄希望于让它们找到一个更好的家，这也需要很大的勇气。但是收容所需要更多的援助。俄勒冈有好几个全国最棒的收容所，然而，我们国家也会在资源或空间不足时，关闭一些动物收容所。第一次走进动物收容所时，我心里很难受，但是帮助动物、让它们开心也给我带来了很多欢乐！在奥斯汀时我是动物收容所的志愿者，现在我正在努力成为波特兰的志愿者。

Nonami 在你的生活中扮演什么角色？

Nonami 就像我的孩子，我的亲密小伙伴。她是我的心肝，我深深地爱着她。在我生命中最黑暗的日子里，是她点亮了我。在住院轮岗那段日子里，我感觉只有她每天都期待着看见我，所以我真的非常珍惜她的出现。平时我得去上班，她不喜欢自己孤零零地待在家，要是有只小狗能和她做伴就好了。不能找已经成年的狗，未成年的小狗更容易跟 Nonami 做朋友。

你说过：“如果人人都养一只小狗，世界和平就会实现了。”

我要更正自己这句话，改成“养一只小猫或小狗”。Nonami 是一只非常特别的猫，我无法想象世上能有比她更棒的猫了。大部分的猫都跟她不一样——它

Nonami 在床上“看书”。Farah 不在波特兰时，Tom 自己进行“小旅行”，拍了许多手拿野花的照片送给 Farah。他们从中选出几张冲印，挂在墙上。

为庆祝自己成为美国公民，Farah 做了一个水果“美国派”，配文是“只花了 20 年”。

Farah 有很多与 Nonami 的合影，小猫总是与她依偎在一起。

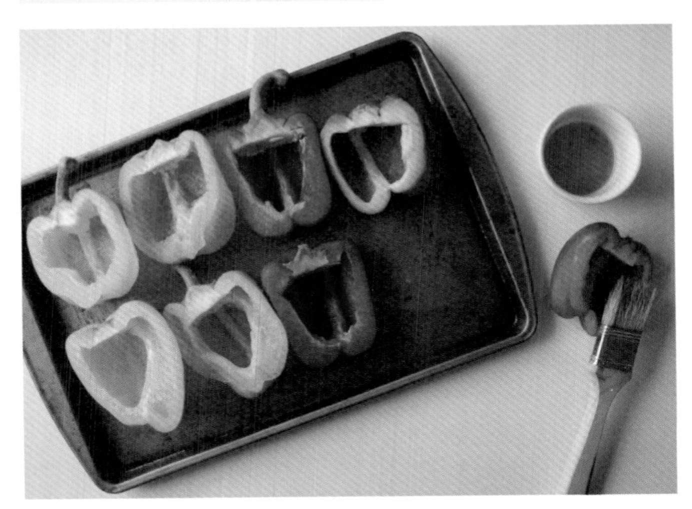

搬到波特兰后，Farah 更常做饭了。

"Nonami 喜欢吃，也喜欢依偎着我和看鸟。她还喜欢被我们抚摸和擦洗，但是不让摸肚子。"Farah 说。

们要不就脾气不好，不是很黏人就是直接不理人，有的干脆直接躲起来。而大部分狗都对主人很忠诚，喜欢陪主人一起外出。我希望养只小狗来和 Nonami 做朋友。没有选择再养一只猫，是因为 Tom 和我希望能养一只和我们一起徒步旅行、一起奔跑的小动物。尽管 Nonami 在家很乖，但是她对这两件事都不感兴趣。我试过带她出去……她不喜欢。

家里谁做饭，你还是 Tom ？

我们刚认识时，大部分时候是 Tom 做饭。不过在奥斯汀我们很少做饭。搬到波特兰之后，我在这边没有什么朋友，有更多时间留给自己，烹饪变成了一种可以独自完成的爱好。这里的农贸市场有很多超棒的肉类和本地蔬菜。此外，外食实在太贵了，波特兰的生活成本很高，在家做饭是省钱的好方法。

你和 Tom 最难忘的一次旅行是去哪里？

我和 Tom 都喜欢旅行、徒步、拍照，也喜欢一起待在家。最难忘的一次是在西雅图。我曾经去过西雅图，一直梦想着能在 Pike's Market（派克市场）收到一束美丽的鲜花。那次和 Tom 一起去，他就让花店的女孩专门为我插了一束鲜花，它由粉红色、黄色和紫罗兰色组成，都是我最喜欢的颜色。这是我见过最美的一束花了！正是 Tom 在花束里注入的心意，让它变得如此特别。

Tom 和 Farah 经常一起旅行，在他们心中，每一次旅行都是最棒的。

BUTTER

Recipe：Farah 的秘制三文鱼饼

for 2 persons

食材

✤三文鱼／450 克

✤盐／适量

✤黑胡椒／适量

✤黄油／45 克

✤鸡蛋／2 个

✤香菜叶（切碎）／60 克

✤洋葱（切碎）／60 克

✤柠檬（榨汁）／1/2 个

✤蒜末／适量

✤刺山柑／1 汤匙

✤小茴香籽粉／2 克

✤柠檬盐／2 克

✤辣椒粉／ 2 克

✤苏打饼干／ 14 片

✤面包糠／60 克

装饰用（可省）

✤脱脂蛋黄酱／ 60 克

✤辣椒酱／ 15 克

✤自制柠檬盐／ 2 克

做法

❶ 热锅，
加 15 克黄油和适量蒜末，
出香后放入三文鱼，
撒盐和黑胡椒，
每面煎 5 分钟，用勺子把鱼肉
分成小块后出锅。

❷ 取一个大碗，
将鱼片放入后用叉子捣碎；
冷却至室温后加入鸡蛋、
柠檬汁、刺山柑、柠檬盐、
小茴香籽粉、洋葱、香菜和
辣椒粉，搅拌均匀。

❸ 用手掰碎苏打饼干，
放入碗中拌匀；
用保鲜膜包好冷藏两小时以上。

❹ 将混合好的三文鱼肉馅
分成四份，裹上面包糠，
用剩余黄油每面中火煎 5 分钟。

❺ 建议煎好后搭配绿色蔬菜
或牛油果一起吃。
将蛋黄酱与辣椒酱搅拌均匀，
做成辣味蛋黄酱，
在三文鱼饼上舀一勺，
再撒点柠檬盐调味，
趁热享用。

In Between Days
Andrew Porter

● 一本名叫"Afternoon Tea"的儿童书的封面，该书出版于 1880 年。
Afternoon Tea: Rhymes for Children, J. G. Sowerby & H. H. Emmerson, London: Frederick Warne & Co., 1880.

● *Afternoon Tea in the Garden*, Gympie, ca. 1907.

● *Afternoon Tea Party*, Mary Cassatt, Saint Louis Art Museum official site, 1891.

下午茶的茶具与礼仪

✤ 正宗的下午茶饮用时间是下午四点左右，无论男士还是女士都需要正装出席，男士需着装燕尾服，女士则是洋装和礼帽，而家庭式的下午茶茶会则通常都需要女主人亲自为宾客服务，以示尊重。

✤ 在英国传统下午茶里，家中装修最好、最高档的房间就被当作茶室来招待宾客，而上等的茶与精致的点心则必须用上好的瓷器和银器来装盛，二者皆为高贵的象征，还有种说法是认为银质茶具透着英国人对阳光的渴望。

✤ 一套完整的下午茶茶具由瓷器茶壶、杯具、茶匙（需与茶杯呈 45 度角）、滤匙（用来过滤茶渣）、糖罐、奶盅瓶、三层点心盘、七英寸个人点心盘、茶刀（涂奶油及果酱用）、吃蛋糕的叉子、放茶渣的碗、水果盘、切柠檬器、餐巾、保温罩以及木制拖盘（端茶品用）等各种器具所组成。

✤ 不过，如今的下午茶用具已简化不少，很多烦锁的步骤与礼节也被减去，但是茶的正确冲泡方式、茶具的摆设、三层咸甜搭配的茶点这三点则被视为下午茶必不可少的传统，而被保留下来。

下 午 茶 的 品 法

✣ 正统的下午茶向来遵循先咸后甜、先清爽后厚重的原则。

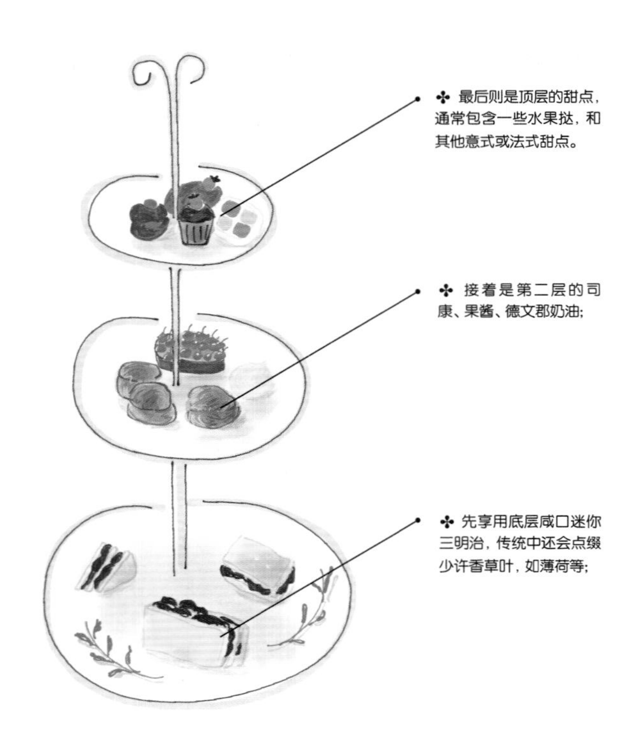

✣ 至于茶叶，一般使用的茶是有着“红茶中的香槟”之称的大吉岭（Darjeeling Tea），或者芳香四溢的伯爵茶（Earl Grey Tea），但如今随着下午茶的改良，也有用花果茶来替代的。

Cream Tea? Low Tea? High Tea? 傻傻分不清楚？

✣ Cream Tea（奶油茶）其实就是简易版的下午茶，只有司康、凝脂奶油（Clotted Cream）、果酱，当然还要有一壶茶。而 Low Tea（低茶）或者 Afternoon Tea 则就是前面诸多撰述的下午茶了。High Tea（高茶）也被称为 Meal Tea（餐茶），一般不只有茶和点心，也包括肉馅饼、蔬菜和面包，更接近一顿丰盛的晚餐。工业革命时期的工厂工人为了省下下午茶的钱，就将二者合二为一。而且那时工人都是坐在较硬的高椅和高桌上吃这顿下午茶，不比贵族们使用的低矮柔软的沙发和精致茶几，所以与贵族的 Low Tea 相对应的，这一餐又被叫作 High Tea。如今在英国有些地方称晚餐为“Tea”（茶）而不是“Dinner”（晚餐），也正是沿用此习俗。

✣ 而如今的英式下午茶，不再拘泥于点心的品种与样式，或是特定的器具，它更像是一种“慢下来”的精神，提醒我们，再忙碌，有时也该停下脚步，享受一段与茶点相伴的时光。

你真的认识巧克力吗？

✶✶✶

邵梦莹 / text & photo
V+H Living Art Laboratory / 特别协力

○ 巧克力是常见烘焙原料之一，在很多烘焙配方中都有应用。其主要原料可可豆要先经过风干，再进行烘烤、压碎、调配、研磨、精炼、去酸、回火铸型等工序，才能得到相应的可可固形物，而这可可固形物，却不能用“巧克力”三字概述，还有许多关键名词你有必要了解，比如什么是可可粉？什么是可可脂？苦甜巧克力与半甜巧克力的区别，你真的知道吗？

Cocoa Bean

可可豆

可可豆是可可树果实的种子，每个果实大约可得到 20~25 粒可可豆，经过加工处理后成为可可粉、可可脂等食物原料。可可豆的产地主要分布在赤道南、北纬 20 度以内的区域，可可豆生长对温度和湿度的要求很高，但是每个地区都有自己的特色风味，例如果香、烟熏味等。现在可可豆的主要产地有中南美洲、西非及东南亚三地。

Bittersweet Chocolate

苦甜巧克力

苦甜巧克力常用于烘焙和烹调中，是由纯巧克力浆（或者无糖巧克力）与可可脂、香草精、少量的糖加工而成的。如果配方中明确表示要使用苦甜巧克力，就不能用半甜或甜巧克力来替换，但是半甜巧克力可以用苦甜巧克力来替换。欧洲的苦甜巧克力通常含有大量可可固形物，可可固形物含量越高，巧克力越不甜，苦味越重。苦甜巧克力通常使用于布朗尼蛋糕、巧克力糖果和饼干等甜品制作中。

Cocoa Solids

可可粉

可可粉是可可豆经发酵、粗碎、去皮等工序得到可可豆碎片，再经脱脂粉碎而得到的粉末状物质，具有很浓的可可香味。可可粉可按多种方法分类，根据含脂量高低可分为高脂、中脂、低脂三类；根据加工方法可分为天然可可粉和碱化可可粉两类。其通常是一种不甜的黑棕色粉末，常用于制作巧克力、巧克力酱及其他巧克力糖果等

Natural Cocoa

✦✦✦ 天然可可粉 ✦✦✦

天然可可粉呈浅棕色，通常伴有强烈的可可香味，味道也较碱化可可粉略苦，经常使用在需要增加巧克力浓郁味道的配方中，如布朗尼、巧克力曲奇等。如果食谱中要用到烘焙苏打，则需使用天然可可粉。

Dutch Cocoa

✦✦✦ 荷兰可可粉 ✦✦✦

荷兰可可粉是一种碱化加工过的可可粉，呈棕红色，中和了天然可可豆的酸味，所以味道要比天然可可粉更柔和，但颜色略深一筹。荷兰可可粉常用于制作巧克力、巧克力冰激凌、热巧克力饮品等，它的一大特色就是能够为食品带来更具诱惑力的颜色。一般来说，荷兰可可粉不能在使用烘焙苏打的配方中出现，因为会与其发生中和反应。

Dark Chocolate

✦✦✦ 黑巧克力 ✦✦✦

主要是在可可粉中加入可可脂和糖制作而成，一般没有或只含少量牛奶成分，含量最高不超过 12%。因可可固形物含量不同，黑巧克力的风味也不同，可可固形物含量越高，味道就越苦。在烘焙或烹饪中，选用可可固形物含量 70%~99% 的黑巧克力最佳。如果按甜度来分类，还可分为甜、半甜、不甜三种，如果菜谱中只提到使用黑巧克力，一般是指半甜黑巧克力。

Semisweet Chocolate

✦✦✦ 半甜巧克力 ✦✦✦

半甜巧克力是最经典的烘焙用巧克力，由巧克力浆、可可脂、糖和香草精制作而成，通常含有 40%~62% 的可可固形物，有较浓郁的可可风味，虽然各国间并没有统一的糖含量标准，但比例基本都不超过 50%。半甜巧克力非常适合用于制作甜品，在一些食谱中也可以用它替换甜巧克力。

Unsweetened Chocolate

✦✦✦ 无糖巧克力 ✦✦✦

也被称为“苦巧克力”或是“烘焙巧克力”，是巧克力浆的固体形态，不含任何糖分，具有很浓郁的可可风味，所以对增加产品的巧克力风味有很大效果。但因味道很苦，大多数人并不会直接食用无糖巧克力，一般搭配糖来进行烘焙制作。

Ganache

✦✦✦ 甘纳许 ✦✦✦

甘纳许其实是一种奶油与融化巧克力的简单混合体，通常被用于制作蛋糕和松露巧克力的淋酱、巧克力夹心和巧克力酱，因用法不同，奶油和巧克力的比例也有具体的差异。一般来说，在制作时巧克力含量越高，甘纳许的质地就越浓稠；奶油含量越高，则甘纳许的入口就越顺滑。

Chocolate Liquor

✤✤✤ 巧克力浆 ✤✤✤

巧克力浆是可可豆经过发酵、干燥、烤制、剥皮之后得到可可固形物，再将固形物熔化得到的一种液态物质，主要由可可粉和可可脂构成，具体成分比例是 53% 的可可脂、17% 的碳水化合物、11% 的蛋白质、6% 的单宁酸、1.5% 的可可碱，以及其他成分，冷却后可直接得到无糖巧克力。

Chocolate Syrup

✤✤✤ 巧克力糖浆 ✤✤✤

巧克力糖浆是可可粉和玉米糖浆、葡萄糖浆，或其他糖浆混合而成的一种甜味可可糖浆，通常可用于淋在各种甜品上用于装饰，例如冰激凌、蛋糕、布丁等，也可与牛奶混合，制成牛奶巧克力糖浆。

Nama Chocolate

✤✤✤ 生巧克力 ✤✤✤

生巧克力的原料是可可粉、鲜奶油以及各式洋酒，之所以叫生巧克力，是因为在整个制作过程中并没有加热程序，原料保持最新鲜的状态，所以保质期也较短。生巧克力在口感上并不像加热过的巧克力一样较硬，而是绵软柔滑，再配合表面撒上的微苦的可可粉，吃起来风味十分特别。

Milk Chocolate

✤✤✤ 牛奶巧克力 ✤✤✤

牛奶巧克力是由可可固形物、乳制品、糖粉、香料和表面活性剂等材料组成，可可固形物中应含有可可粉、可可脂，乳制品则可以使用全脂牛奶、奶油、炼乳或奶粉中的一种。如果要应用在烘焙中，最好选择牛奶巧克力的专用配方。

White Chocolate

✤✤✤ 白巧克力 ✤✤✤

白巧克力中几乎不含可可粉，因此不算是真正意义上的巧克力。其原料主要有可可脂、奶粉、乳脂肪和甜味剂，可可脂含量一般不低于 20%。白巧克力颜色呈象牙白，口感细腻柔滑，而且因乳制品和糖分含量较高，在烘焙中能很好地调和其他原料的味道，适用于白巧克力慕斯等甜品。

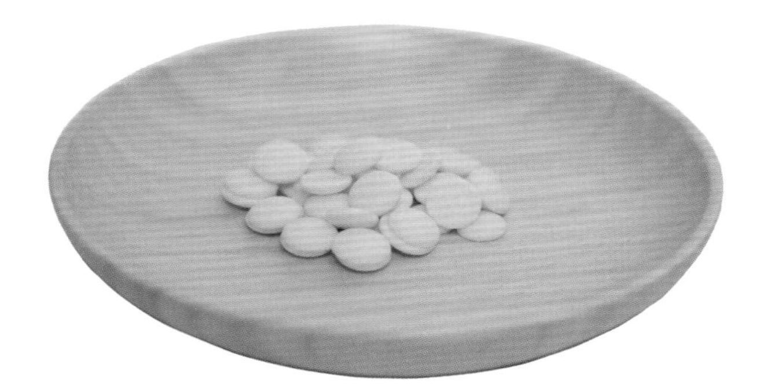

Cocoa Butter

✤✤✤ 可可脂 ✤✤✤

可可脂是从处理过的可可豆中提取的一种乳黄色硬性天然植物油脂，虽然含有很高含量的饱和脂肪酸，但因多是硬脂酸，所以并不会升高血胆固醇。此外，可可脂含有丰富的多酚，具有较强的抗氧化功能，可以保护人体抵抗疾病，以及减缓衰老。可可脂的熔点为 34~38℃，所以在室温下呈固态，而入口却可以马上融化。一般可可脂含量越高，巧克力的口感越丝滑。

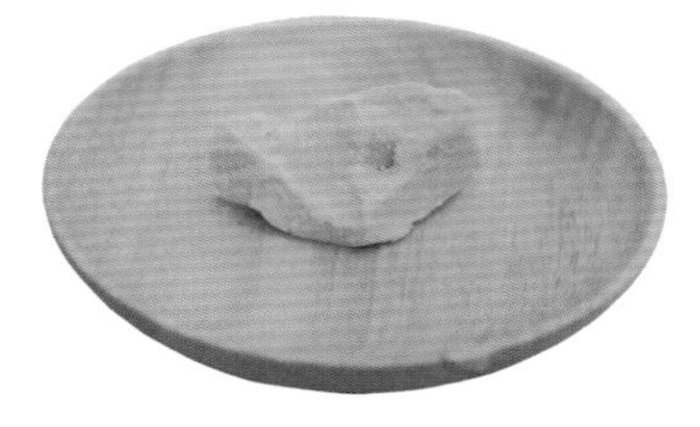

Cocoa Butter Replacer / CBR

✤✤✤ 代可可脂 ✤✤✤

代可可脂是一种人造硬脂，因代可可脂与可可脂在物理性上相近，并且有造价低廉、可提高巧克力表面光泽度、常温下易保存等优点，而常被商家用于制作巧克力。如果代可可脂含量超过 5%，商家就必须在包装上注明为代可可脂巧克力，否则会被视为违法。

Recipe: 如果你想自己做巧克力冰点

黑生巧克力雪葩

(无麸质)

Dark Chocolate Sorbet

◂◂◂◂ 食材 ▸▸▸▸

✣ 77% 黑生巧克力 / 100 克

✣牛油果（完全成熟）/25 克

✣水（可换成牛奶或杏仁浆）/100 毫升

✣荷兰可可粉 / 适量

✣蜂蜜 / 适量

※※※

◂◂◂◂ 制作方法 ▸▸▸▸

❶ 向小锅中加入巧克力、水、牛油果泥、荷兰可可粉和蜂蜜，中火加热，加热期间不断搅拌，直至所有原料溶解并混合均匀。

❷ 改小火，静放一分钟后取出，倒入干净的容器并放凉。

❸放入冷冻室，每隔 2 小时用电动打蛋器打散一次，重复 3 次即可。

黑生巧克力酸奶冰棒

(无麸质)

Dark Chocolate Yogurt Ice-lolly

◂◂◂◂ 食材 ▸▸▸▸

✣ 77% 黑生巧克力 /1~1.5 块

✣原味酸奶 /30 毫升

✣水 /30 毫升

✣蓝莓（或樱桃等）/ 适量

✣荷兰可可粉 / 少量

※※※

◂◂◂◂ 制作方法 ▸▸▸▸

❶ 将原味酸奶与蓝莓混合均匀，倒入模具 1/3 左右。

❷将巧克力、水、荷兰可可粉放入锅中加热熔化，小火不断搅拌至完全融合即可取出。

❸混合好的巧克力温度降低些后，填入模具，注意留 1 厘米左右的高度，方便放冰棒棍。

❹放入冰箱冷冻 1 小时，取出插入冰棒棍，再冷冻 8 小时即可。

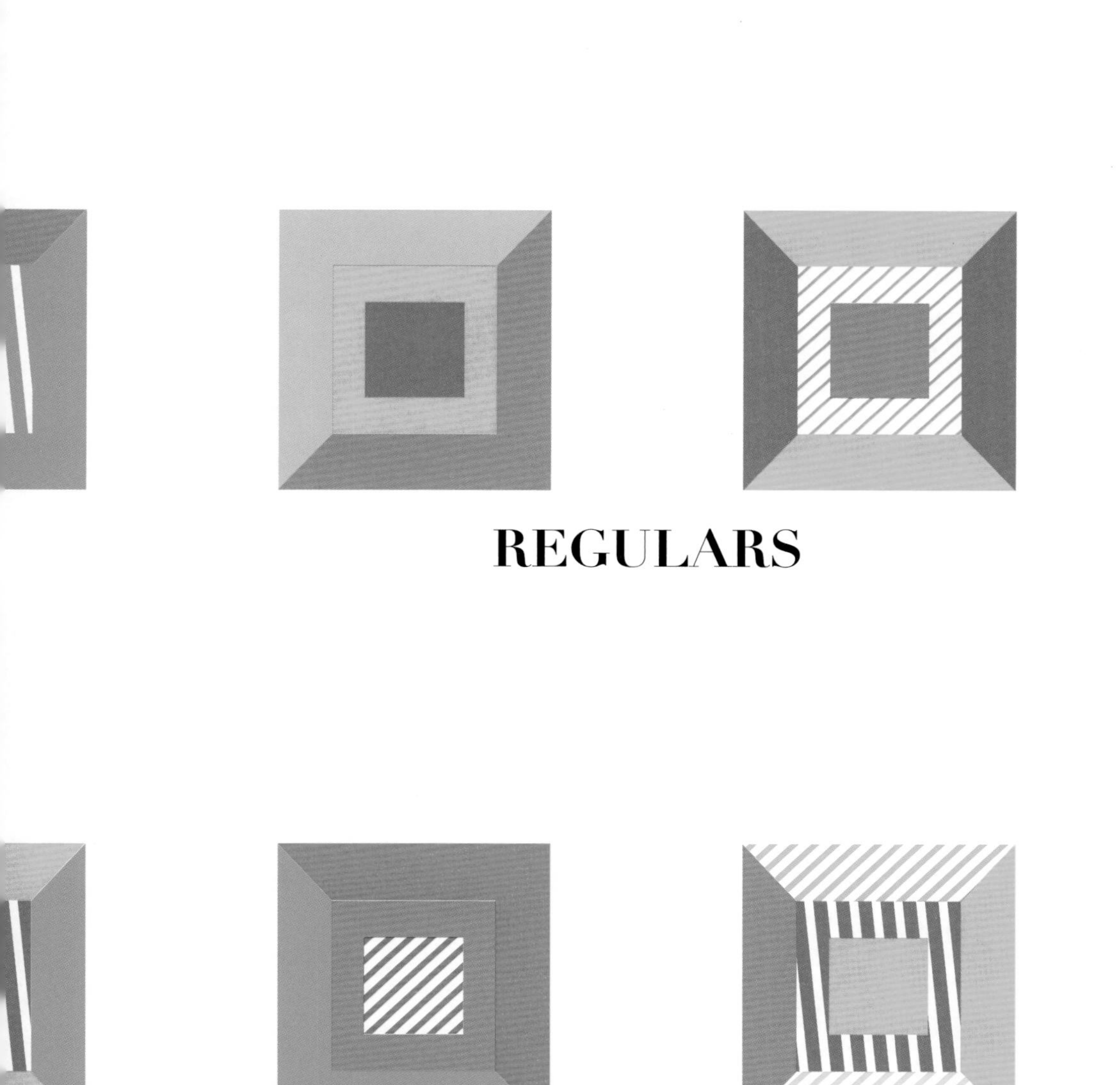

REGULARS

Recipe

比恋爱更甜

❊❊❊

野孩子 / text & photo courtesy

“甜味代表所有生命所需的能量，
而人类最早是在母亲的乳汁中体验到这种滋味的。
甜味给人纯粹的感受，
是一种结晶的喜悦。人类天生喜爱甜味，举世皆同。”
——《食物与厨艺》

⊛ 所以就不难解释，为什么糖果是孩子的挚爱，恋爱的人总要一起吃冰激凌，而人在失落时甜食会带来抚慰人心的力量。

⊛ 我还记得刚进大学的第一个国庆节假期，跟着一群同学去外滩通宵看焰火，人山人海，最后逐渐跟大部队走散，只剩下我和一个喜欢的男生。现在想想其实很难讲是不是故意跟同学走散，反正最后我们两个人一起看完了焰火，跟着大批的人流从外滩一路走走停停。

⊛ 10 月初的上海凌晨并没有特别凉爽，挤在人堆里的我们既累又渴。那时候的上海很少有 24 小时营业的便利店，也没有 24 小时的肯德基或者麦当劳，好在我们还没有完全从节日的狂欢中冷静下来，而且当时的我们足够年轻，足够有热情。

⊛ 经过南京路步行街的时候，我指着一家冰激凌店对他说：听说这家的冰激凌特别好吃。可惜现在关门了。他回我说：没事，下次我们一起来吃！

⊛ 虽然到公交车站还要走很远，虽然夜间线一小时才来一班，但那个夜晚并不显得漫长，反而感觉十分短暂而甜蜜。

⊛ 至今我仍记得这家冰激凌店叫“tcby 天使冰王”，绿底白字。开在某个酒店的一楼。只是后来我们并没有一起回来吃，反而是在学校附近的肯德基吃了无数次的草莓圣代和甜筒。

⊛ 可惜的是我们最后也没有在一起。

⊛ 很久以后我自己一个人去吃了 tcby 天使冰王。嗯！真的特别好吃！现在这家店早已不复存在。可是呢，想起冰激凌，总是会不断地想起它来。想起这个一直没有完成也无法再完成的约定。内心并无遗憾，反而总是怀念那个又热又累、不停暴走的夜晚。

⊛ 就好像是第一口冰激凌的滋味，它让人在品尝的瞬间有一种单纯直接的喜悦，甚至比恋爱本身更美好，更令人念念不忘。

甜菜根本身有很强烈的土腥味，
但是加入一点柠檬汁，再跟牛奶、椰浆混合之后，
土腥味就会神奇地消失，并且带有柔和的甜菜根的香气。

椰香甜菜根白巧克力冰激凌

食材

✤去皮切块的甜菜根／250 克

✤牛奶／100 克

✤浓椰浆（椰奶）／100 克

✤柠檬汁／5 克

✤玉米淀粉／30 克

✤白砂糖／80 克

✤玉米糖浆／15 克（可用蜂蜜替代）

✤淡奶油／200 克

✤白巧克力豆／50 克

※※※

做法

❶ 将甜菜根放入榨汁机榨汁后，跟牛奶混合均匀；如果没有榨汁机，就用料理机将甜菜根和牛奶放在一起打成泥并过筛，得到约 200 克的牛奶甜菜根汁。

❷ 将玉米淀粉加入浓椰浆中，混合均匀。

❸ 将混合好的椰浆以及牛奶甜菜根汁、柠檬汁、白砂糖、玉米糖浆一起倒入平底不粘锅中，一边小火加热，一边搅拌至混合物变得黏稠，关火，坐入冷水中降温至室温。

❹ 甜菜根混合物盖上保鲜膜，放入冰箱冷藏 2 小时左右。

❺ 为使口感更顺滑，冷藏好的甜菜根混合物取出后，可以用手持搅拌器搅打顺滑；如果有冰激凌机，这一步只需要按照冰激凌机的说明操作：提前先冷冻好蓄冷桶，再将甜菜根混合物与淡奶油、白巧克力豆搅拌均匀后，放入蓄冷桶，启动冰激凌机搅拌 20 分钟即可；搅拌好的软冰激凌可直接食用，也可放入耐冷容器，盖上保鲜膜，冷冻 6 小时以上再食用。

❻ 如果没有冰激凌机，那就需要将淡奶油打发至七分（体积膨胀但仍可流动的状态），再加入甜菜根混合物翻拌均匀，最后拌入白巧克力豆；倒入耐冷容器中，放入冰箱冷冻；每隔一小时取出搅拌一次，最少搅拌三次；最后盖上保鲜膜冷冻至定形即可。

Recipe

浆果的美丽诱惑

浆果酸奶冰棒 & 法式浆果蛋白脆饼

※※※

miss 蜗牛 / text & photo

㊉从 6 月底开始，属于浆果的夏季来临了。以前对于这种高"颜值"的水果总是心有疑虑，超市里买的覆盆子和黑莓大多酸涩，滋味远不如外表那般美好。然而前些天恰巧去了一次"浆果采摘园"，彻底颠覆了我对浆果的印象，差点让我舍不得下手熬煮。

㊉总是对简便又美味的配方欲罢不能。这个美貌的冰棒，仅仅混合很少的原料就能得到意想不到的风味。各式浆果与酸奶的适宜混搭，再加上一点淡奶油，口感丰富，酸甜冰凉，在炎炎夏日里，实在令人无法抗拒。

浆果酸奶冰棒

食材

- ✤切成片的草莓 / 1/3 杯
- ✤蓝莓 / 1/3 杯
- ✤黑莓 / 1/3 杯
- ✤黄树莓 / 1/3 杯
- ✤覆盆子 / 1/3 杯
- ✤细砂糖 / 1/3 杯（可视水果的甜度调整）
- ✤酸奶 / 300 毫升
- ✤淡奶油 / 300 毫升

※※※

做法

❶ 把各种莓果与细砂糖在锅中混合，小火慢煮，均匀搅拌 5~7 分钟直到浆果变软（带有一点果酱的感觉），但不可捣碎，需保持完整；关火，从炉上移开凉凉；

❷ 酸奶和淡奶油混合，用搅拌机搅打混匀；将浆果倒入酸奶混合物中，略微搅拌；

❸ 把混合物倒入冰棒模具中，用筷子调整浆果的分布，放入冰箱冷冻至少 4 小时。（冰棒冷冻可保存 1 个月。）

这款浆果酸奶冰棒，
用料种类少，做法非常简单，
自己做的不加香精色素，吃起来也更安心。

⊛ 烤过的蛋白霜外层酥脆，内层带有点棉花糖的口感，入口即化。搭配微微打发但仍流动的淡奶油，用各式美味的新鲜浆果点缀，再淋上糖浆。美貌、美味又简单。

法式浆果蛋白脆饼

◂◂◂◂ **食材** ▸▸▸▸

✤蛋清／4 个

✤细砂糖／80 克

✤糖粉／60 克

✤淡奶油／适量

✤新鲜浆果／适量

✤枫糖（或浆果糖浆）／适量

※※※

◂◂◂◂ **做法** ▸▸▸▸

❶ 烤箱预热至 100℃；在油纸上画一个直径约 10 厘米的圆圈，将纸翻面后，铺在烤盘内；

❷ 将蛋清放入搅拌碗中打至顺滑，再分 4 次加入细砂糖，打至硬性发泡；

❸ 倒入过筛后的糖粉，用刮刀翻拌均匀；

❹ 将蛋白霜装入裱花袋中，根据之前画的圆圈轮廓，由内向外旋转挤出蛋白霜，至最外一圈时，再挤一层蛋白霜，形成小碗状；

❺ 入烤箱烘烤约 1~1.5 小时至蛋白霜酥脆，关火静候凉凉后再取出；

❻ 淡奶油打发至七分（仍可流动的状态），填充于几层蛋白脆饼之间。放上各种浆果，淋上枫糖或浆果糖浆即可。（蛋白脆饼易融化，需尽快食用。）

Column

吉井忍的食桌 *05*

夏日逸品 “水羊羹”

吉井忍（日）/ text & photo courtesy

㊉ 好像总有一种食物，小时候不怎么待见，但长大了就不知不觉喜欢上了。对我来说，这样的美食还不少：纳豆、生鱼片、奶酪、蔬菜，还有豆沙均在此列。

㊉ 和中国一样，在日本大家也爱吃红豆：豆沙汤、豆沙包、面包、冰沙、铜锣烧……这些大众人气品种都少不了豆沙。不过，记得在自己很小的时候，豆沙里的淀粉和砂糖会让我一口就饱，以至于常常剩下。而出生于战后（1945 年）不久的父亲，幼时家境不佳，当年自然没什么机会吃甜品。看到女儿吃剩下的豆沙，他照例会说："Mottainai ！"（可惜了！）然后统统接盘。母亲一边担心父亲的体型一边数落女儿："太不爱惜了，才吃一口就不要了 ?!"

㊉ 还记得小时候每逢暑假，家里会收到一堆"御中元"。古人把农历年一分为二，居中的 7 月 15 日被称作"中元"。此时又恰逢佛教盂兰盆节，大家在供奉祖先、庆祝平安度过前半年的同时，也会向给予自己关照的人表达谢意。日本人把这个习惯叫作"御中元"（Ochuugen），收到或送出的礼物就称为"御中元"。

㊉ 那么到了"中元节"，日本人一般送什么样的礼物呢？若你六七月份去日本的超市或百货公司转转，就可以看到人头攒动的"御中元"专区。其中超市销售的"御中元"礼盒一般以实惠的日常用品为主，比如酱油、沙拉油、海苔、洗衣粉等等，还会有一些当地特产的甜品或腌菜。大体上都是能长期保存、方便运输、装在盒子里比较体面（不要太小）的东西。而在百货公司里，"御中元"的种类会更丰富，日本国产的老字号毛巾、精油肥皂、五星级酒店厨师监制的果酱、咖啡、高级水果（比如一个 8000 日元，约合人民币 410 元的甜瓜）。也有人效率优先，干脆直接送百货公司的购物券。

㊉ 我小的时候，父亲在公司的级别不算特别高，收到的"御中元"基本徘徊在超市和百货公司之间。记得收到最多的是曲奇等西式点心和罐装的水羊羹，这应该是大家考虑到保质期和我家成员结构（有两个小孩，我和妹妹）的结果吧。西式饼干我和妹妹争着没花几天就吃完，至于水羊羹嘛，总会在冰箱里放上好长一段时间。

㊉ 先向大家简单介绍一下水羊羹到底是何方神圣。顾名思义，水羊羹是一种水分较多的甜品，味道近似羊羹，但更像豆沙和凉粉的组合。羊羹大致有三种做法，一是"蒸羊羹"：豆沙里加些面粉和淀粉后上蒸笼。然后还有"练羊羹"，即豆沙和琼脂[1]混合制成。水羊羹的做法和"练羊羹"相近，用小锅

1 琼脂：从海藻类植物中提取的胶质。和果冻用的明胶或鱼胶粉不同，琼脂的熔点更高，凝固后在常温下不会溶化，口感也更脆。

琼脂，充分熔化后倒入豆沙，搅拌却即可。区别在于水羊羹因水分而口感更显滑嫩清爽，适合在夏季热里享用。

批冰箱里的水羊羹，父亲偶尔拿来当餐后点心，母亲也会陪他吃几但因为数量实在有点多，那个扁扁筒罐头往往要到暑假快结束时才底。若下午想吃甜点，冰箱里没有冰激凌或汽水的时候，我才会很愿地打开这个罐子，倒出一点水羊玻璃小碗里。小时候母亲不让孩子用空调，我就在弥漫着"金鸟牌"蚊香味的客厅里坐下来，用小勺子吃上几口。吃到一半时，看到午睡醒来还迷迷糊糊的妹妹，就会塞给她吃。这不是身为姐姐的慷慨，应该只是自己吃腻了而已吧。

㊟ 如今回国期间偶尔会去果子店，遇到水羊羹当季的日子，我还是会买上几份。过去总觉得它的味道无聊，嫌豆沙的口味太单纯。但就是这份纯粹，对现在的我来说独具魅力。四方形的边缘切得周正完美，摆放在深绿色的腌制樱花叶或新鲜的竹叶上，看了神清气爽。拿起小小的竹签细心分切，先欣赏上山水画般的晕染色泽，再取一小进嘴里，红豆的味道从水中慢慢渗入味蕾之间……

㊟ 不管是"御中元"的真空包装版是和果子店里带上樱花叶的高级货上一杯新沏的好茶，在桌前坐定童年夏日里常用的"金鸟牌"蚊香似乎也回到了身边。这时我会想，大些也不错，至少有了种种回忆，物交融在一起，可以慢慢品味。

水羊羹

for 2~3 persons, 20 mins

◂◂◂◂ 食材 ▸▸▸▸

✤豆沙／250 克

✤琼脂（粉状或方块状皆可）／2 克

✤饮用水／300 毫升

✤腌制樱花叶或竹叶（装饰用）

❊❊❊

◂◂◂◂ 制作步骤 ▸▸▸▸

❶煮琼脂

洗净，撕成小块并放入大碗，加清水浸泡一时。准备小锅，倒入饮用水和琼脂，开小火大约 5 分钟，确认琼脂完全熔化后关火。

❷加豆沙

往小锅里倒入豆沙（250 克）并用木勺搅拌均匀。用慢火煲滚少许，关火。

❸冷却

将步骤 2 的液体倒入保鲜盒里，用冰箱冷个小时后切小块，享用；或倒入小碗里冷却后直接用勺子食用。

◂◂◂◂ TIPS ▸▸▸▸

✤ 琼脂有粉状还有方块状。若用前者，材料的分量和比例没变，直接放入锅里煮沸 2 分钟即可。另外，用琼脂可以做透明凉糕，冷却后切小方块并做装饰。

Column

食不言，饭后语

05

过早

老波头 / text

Ricky/ illustration

⊛ 我一向认为，湖北的饮食文化十分发达，如果要评选中国“第十一大菜系”的话，鄂菜要比陕西菜或云南菜更有资格入选。事实上，即使和十大菜系中的京菜、沪菜相比，也不遑多让。我看要不是京沪的城市地位无法逾越，鹿死谁手，还未必可知呢。

⊛ 众所周知的是武昌鱼，但绝对不是仅此而已。翻看 20 世纪 70 年代的《中国菜谱》，发现湖北那一本中，河鲜类的菜式简直数之不尽，甚至远远超过水乡密集的江浙。

⊛ 水产以外，很多菜有兼通南北的特点，主要和武汉有关。这座城市历史上是商贾流通之地，饮食方面的融合性极强，有点像当今的上海。像我们的八宝饭，湖北亦有，而且做法接近，所不同的是蒸后取出，还要下锅，加清水和白糖，煮沸烩之，再淋猪油上桌，又变成北方的手法了。

⊛ 湖北人个性十足，剽悍得不得了。一直以为湖南人吃辣厉害，到湖北一看，根本不落下风。不相信的话，大可试试武汉流行的“辣得跳”，是用大量辣椒炮制牛蛙，表面上像是酱爆，色彩并不惊人，入口才知劲辣无比，那阵辣味，起先不觉得，突如其来，一下子充满口腔，等你知道厉害时，早已忍不住跳将起来。

⊛ 多少四川人、重庆人，吃了“辣得跳”也甘拜下风，我当年一个人“干”掉半盆，面不改色，同行的上海朋友见了，把我当作外星来客。

⊛ 另有什么名菜？想不起来，那本《中国菜谱》上记载的湖北菜，超过半数已难觅踪迹。跑去武汉，也是三流川菜馆当道，好在他们的“过早”文化还是很好地被保留下来。

⊛ 所谓“过早”，就是吃早饭。武汉人早餐品种之多，是我见过最丰富的。首选当然是热干面，我来得个[1]喜欢。所谓热干面，是把面条先煮熟，过冷河[2]、过油，吃的时候又过热水，再淋上芝麻酱、麻油、香醋、辣椒油等。有“全料”之说，多五毛钱，是最后加一撮儿萝卜干罢了。堂吃固然没问题，但当地上班族赶时间，边走边大力搅拌，那阵香气飘来，是会迷死人的。

⊛ 整座城市的热干面铺，成千上万，每一家的配方都不同。如果不是太介意环境，未必要去“蔡林记”这样的名店，路边小铺哪家排队的人多，即最佳选择。其实判断热干面的优劣只要看芝麻酱，以香油调匀一定胜过用水，至于是咸是辣，加萝卜干还是酸豆角，并不是关键。

⊛ 有些店家兼卖牛肉面，你要热干面，追加一勺卤牛肉的汁，吃起来没那么干，也更惹味[3]。牛肉面带汤，只宜堂食。汤用牛骨炖出，辣椒酱、榨菜和葱则任添。武汉人的辣椒酱又辣又刺激，但不呛喉，证明没有用工业化的辣椒素。

⊛ 三鲜豆皮大家都很熟悉，差不多的糯米类食物还有烧卖，更别说汤包了，都是上海人喜闻乐见的东西。冰米酒就是酒酿，饮后解腻，武汉的早餐油水十足，配米酒较豆浆来得适宜。

⊛ 特别的菜式有糊汤粉。原来是用鲜鱼熬汤后下淀粉使其“糊”，再加入米粉与大量胡椒，是从前码头工人果腹之物。吃的时候另要一根油条，浸入糊汤中，这么吃，武汉人就当你是老饕了。

⊛ 对于游客来说，户部巷是不错的选择。有点像长沙的“火宫殿”，只不过后者已经变成一家集团，户部巷还只是一个小吃铺集中的地点。很多人批评户部巷的食物今不如昔，也是事实。但若是想吃，总有办法比游客吃得更好，千万别懒洋洋地起身，而是要向当地人学习，既然是“过早”，愈早愈好。

---

1 来得个：方言，特别、极其的意思。

2 过冷河：粤菜的一种烹调方法，即将食物汆熟至七八成，之后泡在冷水里，将食物的营养和水分瞬间锁住。

3 惹味：味道出众。

Column

鲜能知味

04

炸臭豆腐和年糕

张佳玮 / text

Ricky / illustration

⊛ 臭豆腐阿婆不只卖臭豆腐，还卖年糕。乍听来有些怪：臭豆腐臭而油黄，年糕香而白糯，香臭有别，聚到一摊子卖，太奇怪了。但一条街的人吃惯了，也见怪不怪，甚至成习惯了，觉得非得搭着吃不可。其他面饭店，到冬天有卖稀饭煮年糕的，有人吃着，就会问：“好，有臭豆腐没？——没有？”就皱眉，觉得太淡了，吃着不香。

⊛ 我以前在上海住时，门前那条路到尽头，是个丁字路；丁字路左拐是地铁站、商业区，颇热闹；将到丁字路处有条弄堂，就像家里门背后的角落似的，安静，藏风避气。臭豆腐阿婆就在那里摆摊，许多年了。臭豆腐本来很臭，但她躲到弄堂里，不会熏得人难受。这条街都吃她的臭豆腐和年糕：水果店老板、超市收银员、刚忙完在门口抽烟的烧烤摊摊主，最吓人的是黄昏时节，下了课的小学生嗡嗡地杀将过来，看见臭豆腐阿婆那辆小车子——上面摆着煤气炉、油锅和三个小盒子——就像见了亲外婆。小学老师也会来买，买了边吃边抱怨：“你们上课要有吃臭豆腐这心就好了！”

⊛ 臭豆腐阿婆的三个盒子，一盒装臭豆腐，你要吃，她就给你炸。你看臭豆腐在油锅里翻腾变黄，听见滋溜溜声，闻得见臭味。炸好了，起锅，急着咬一口，牙齿感觉得到豆腐外皮酥脆，内里筋络柔糯，这就是视觉、听觉、嗅觉、触觉、味觉的全面享受，心里格外充实。一盒装年糕，你要吃，她就放在炉火旁急速烤一烤，外层略黑了，焦脆热乎了，给你吃。你咬一口，牙齿透过焦味儿，就被年糕的香软粘住了。最后一个盒子，是臭豆腐阿婆的独门商业机密：她的自制甜辣酱。上口很甜，是江南人喜欢的那种甜；后味很辣，冲鼻子，你呼一口气，满嘴往外蹿火。甜辣酱很浓稠，你要她便给。搅到豆腐上，拌到年糕上，好吃。

⊛ 真有人受不了臭豆腐，不爱吃年糕，却专门来买这两样的。“多给我点辣酱！”买了，出弄堂，臭豆腐和年糕随便给跑来跑去的小孩吃，自己捧了那小半罐子甜辣酱，回去盖在米饭上，一拌，加碗榨菜鸡蛋汤，吃得满头冒汗。

⊛ 我开始住在那里时，一份臭豆腐卖五毛钱。价廉物美，人见人爱。卖了几年，涨到一元钱。小孩子倒罢了，上班族很高兴：兜里的一元硬币比五毛硬币多！要不然，平时找不到五毛，还得花一元，看阿婆一边倒腾臭豆腐和酱，一边空着手找零钱，看着都累；说“不要找了”，阿婆又不答应。这一涨价，干脆多了！

⊛ 有带着孩子来买臭豆腐的，说这豆腐以前只卖二毛钱——“那时候我也还上中学呢！”

⊛ 阿婆闲坐等生意的时候，愿意跟人聊。说臭豆腐是她自己做的，年糕是她自己打的，甜辣酱是“死老头子”调的。阿婆有种本事，无论什么场合，都能扯到“死老头子”。比如：

> “近来那电视剧真好看啊！”“是啊，可是我那死老头子老要看个戏曲频道，我是看都看不着！真真是一点都不关心我！”
>
> “房价涨得结棍[1]哟！”“是啊，我以前就说老房子嘛，早点卖掉可以买新的来，死老头子就是不让卖！现在好了！真真是从来不听我的话！”
>
> “这两天交通管制，堵车堵得来！”“是啊！死老头子前两天好死不死，吃完饭想着要去龙之梦了！好嘛！堵车堵了半个钟头！戆[2]是戆得来！”

⊛ 我们也问过，“死老头子”是不是支持阿婆的事业，阿婆愤愤不平地说，都是她在忙，“死老头子”是一点都不插手，除了调调辣酱，也不晓得关心她。“啊呀真个是，命苦啊！”

⊛ 入冬了，街上流行感冒。阿婆袖着手，背靠墙在弄堂里做生意，看见

臭豆腐

烤年糕

生意来了就起身，揭开油锅热腾腾，边张罗着炸臭豆腐，边一愣神，转个身避着人：

㊟“阿嚏！”

㊟一边赶忙说“对不起”，边把豆腐包好。大家都关心，让阿婆多注意身体。面饭店的小姑娘给阿婆送来热水袋，修手机的老板给阿婆带来件军大衣。阿婆裹坐着，像座雕塑，只有眼睛转，等顾客。

㊟终于还是没抵过病魔，有两天，我去买臭豆腐，看见个老爷爷坐那里，听小收音机，越剧《红楼梦》，“天上掉下个林妹妹……”，老爷爷脾气很好，见人就笑，满脸皱纹随开随散。

㊟“老阿叔啊，阿婆哪？”

㊟“她在家，她在家。这两天病了，起不动。我来做生意。”

㊟“老阿叔啊，阿婆病得怎么样？”

㊟“我给她喝姜汤，我给她喝热水，我还给她炖糖蛋——我们那里感冒都要炖糖蛋！”

㊟“哎呀呀，老阿叔啊，要去医院的呀！”

㊟“去过了呀，不严重，大夫说养养就好了。我是不放心，要让她好好养一养。她以前呼吸道不好，我怕她再发呀……”

㊟老爷爷坐镇那几天，收摊比以往晚。倒不是生意差——还是黄昏前后收完了事——只是大家都很好奇，乐意跟老爷爷多说说话，他呢，手脚又慢一点。年糕一定要放饭盒里，扎上竹签，外面裹好了——“不然冷得快！”炸豆腐一定要沥一沥油起锅——“太油了不好，还烫嘴！”

㊟出太阳那几天，阿婆回来了。多戴了顶帽子，多围了条围巾，严严实实，更像雕塑了。她一边看着油炸臭豆腐在锅里转，滋溜溜的，慢慢变酥脆，一边摇头：“死老头子很烦的，还说我一定要多穿，不然要生病——多穿怎么做生意啊！……来，这个是你的……还跟我说啊，要早点出来，早点收摊回去，不然天快黑了冷，我倒要你教的，都没有做过生意……来，这个是你的……真真是个笨死老头子啊！”

1 结棍：在上海话中有“很”“狠”“非常”的意思。

2 戆：方言，意为傻、楞。

食帖零售名录

网站

亚马逊
当当
京东
中信出版社淘宝旗舰店
文轩网
博库网

北京

西单图书大厦
王府井书店
中关村图书大厦
亚运村图书大厦
三联书店
Page One 书店
万圣书园
库布里克书店
时尚廊书店
单向街书店

上海

上海书城福州路店
上海书城五角场店
上海书城东方店
上海书城长宁店
上海新华连锁书店港汇店
季风书园上海图书馆店
"物心"K11 店（新天地店）

广州

广州购书中心
新华书店北京路店
广东学而优书店
广州方所书店
广东联合书店

深圳

深圳中心书城
深圳罗湖书城
深圳南山书城
深圳西西弗书店

南京

南京市新华书店
凤凰国际书城
南京大众书局
南京先锋书店

天津

天津图书大厦

郑州

郑州市新华书店
郑州市图书城五环书店
郑州市英典文化书社
生活·读书·新知三联书店
郑州分销店

浙江

博库书城有限公司
博库网络有限公司电商
庆春路购书中心
解放路购书中心
杭州晓风书屋
宁波市新华书店

山东

青岛书城
济南泉城新华书店

山西

山西尔雅书店
山西新华现代连锁有限公司
图书大厦

湖北

武汉光谷书城
文华书城汉街店

湖南

长沙弘道书店

安徽

安徽图书城

江西

南昌青苑书店

福建

福州安泰书城
厦门外图书城

广西

南宁书城新华大厦
南宁新华书店五象书城
南宁西西弗书店

云贵川渝

贵州西西弗书店
重庆西西弗书店
成都西西弗书店
成都方所书店
文轩成都购书中心
文轩西南书城
重庆书城
新华文轩网络书店
重庆精典书店
云南新华大厦
云南昆明书城
云南昆明新知图书百汇店

东北地区

新华书店北方图书城
大连市新华购书中心
沈阳市新华购书中心
长春市联合图书城
长春市学人书店
长春市新华书店
黑龙江省新华书城
哈尔滨学府书店
哈尔滨中央书店

西北地区

甘肃兰州新华书店西北书城
甘肃兰州纸中城邦书城
宁夏银川市新华书店
新疆乌鲁木齐新华书店
新疆新华书店国际图书城

机场书店

北京首都国际机场 T3 航站楼
中信书店
杭州萧山国际机场
中信书店
福州长乐国际机场
中信书店
西安咸阳国际机场 T1 航站楼
中信书店
福建厦门高崎国际机场
中信书店

香港

绿野仙踪书店